Photoshop CC
抠图、合成与特效

主编◎高原 吕瑶磊 半凡 / 副土编◎汪瑞

U0317458

机械工业出版社
China Machine Press

图书在版编目（CIP）数据

数码摄影后期处理秘笈：Photoshop CC抠图、合成与特效／高原，吕瑶磊，平凡主编． —北京：机械工业出版社，2017.9

ISBN 978-7-111-57938-0

Ⅰ．①数… Ⅱ．①高…②吕…③平… Ⅲ．①图像处理软件 Ⅳ．①TP391.413

中国版本图书馆CIP数据核字（2017）第219241号

抠图、合成与特效制作是数码照片后期处理中的重点和难点。本书依托 Photoshop CC 2017 这个强大的软件平台，采用理论与实践相结合的方式，详细讲解了抠图、合成与特效制作的经典技法。

全书共 9 章。第 1 章主要讲解抠图、合成与特效制作必备的基础理论知识。第 2～3 章介绍抠图技术，分别讲解根据色彩抠图和自由控制精细抠取图像的方法。第 4～5 章介绍合成技术，分别讲解应用蒙版、命令与通道合成图像的方法。第 6 章介绍数码特效，讲解了老照片、星光等常见数码特效的制作。第 7～9 章是综合实战，通过 8 个典型实例讲解抠图、合成与特效制作技术在常见的人像、风光和商品照片后期处理中的实际应用。

本书内容图文并茂、语言通俗易懂、示例精美典型，除了完整的工作思路和流程讲解，还穿插了开阔眼界和提升效率的技巧提示，非常适合专业摄影师、摄影爱好者及照片后期处理、平面设计、网店美工从业人员阅读，对想要学习 Photoshop CC 软件操作与应用的读者也是极佳的参考书，还可作为培训机构、大中专院校的教学辅导用书。

数码摄影后期处理秘笈：Photoshop CC抠图、合成与特效

出版发行：机械工业出版社（北京市西城区百万庄大街22号　邮政编码：100037）

责任编辑：杨 倩　　　　　　　　　　　　　责任校对：庄 瑜

印　　刷：北京天颖印刷有限公司　　　　　版　次：2017年9月第1版第1次印刷

开　　本：190mm×210mm　1/24　　　　　印　张：10

书　　号：ISBN 978-7-111-57938-0　　　　定　价：59.00元

PREFACE

抠图、合成与特效制作是数码照片后期处理中的重点和难点。与修图、调色等基本的处理手法侧重于照片的提升和润色不同，抠图、合成与特效制作通过将多张素材照片自然地融合在一起，创造出普通摄影技术难以拍摄到的画面，甚至是充满想象力的超现实场景，能给人带来极强的视觉冲击，因而被广泛应用在商业摄影、广告创意、影视制作等领域。

本书从数码照片后期处理的实际需求出发，将Photoshop CC的理论知识与技术实践相融合，深入浅出地讲解了抠图、合成与特效制作三大核心应用的精髓。

◎内容结构

本书以Photoshop CC 2017为软件环境，全面讲解抠图、合成与特效制作的经典技法。全书共9章，可分为5个部分。

第1章主要讲解抠图、合成与特效制作必备的基础理论知识，包括抠图与合成的基本概念和注意事项、常见的数码特效种类、照片处理必知的Photoshop基本操作等。

第2~3章介绍抠图技术，针对不同类型的照片，分别讲解根据色彩抠图和自由控制精细抠取图像的方法。

第4~5章介绍合成技术，分别讲解应用蒙版、命令与通道合成图像的方法。

第6章介绍数码特效，讲解了照片后期处理中常见的老照片、星光、光晕、绘画、天气、气氛、蒙太奇等特效的制作。

第7~9章是综合实战，通过8个典型实例讲解抠图、合成与特效制作技术在常见的人像、风光和商品照片后期处理中的实际应用。

◎编写特色

★理论与实践结合：书中不仅讲解了在抠图、合成与特效制作中常用的Photoshop CC核心功能，而且通过示例展示了这些功能在实践中的应用，真正做到了学以致用。

★精美的典型示例：书中选择的大量精美示例均有很强的代表性，讲解时通过详尽的操作步骤介绍处理过程，展示了抠图、合成与特效制作的完整工作思路。

★丰富的扩展内容：本书在知识和技能的讲解当中精心穿插了丰富的软件操作技巧提示，有助于读者开阔眼界、提高效率。

★**超值的下载资源：**本书附赠的下载资源完整收录了书中示例所使用的素材和源文件，方便读者边学边练，在实践中理解和巩固所学内容。

◎读者对象

本书适合专业摄影师、摄影爱好者及照片后期处理、平面设计、网店美工从业人员阅读，对想要学习Photoshop CC软件操作与应用的读者也是极佳的参考书，还可作为培训机构、大中专院校的教学辅导用书。

本书由南京信息工程大学高原老师、浙江工商大学杭州商学院吕瑶磊老师、南京大学金陵学院平凡老师担任主编，由南京大学金陵学院汪瑞老师担任副主编，由上述老师共同编写完成。由于编者水平有限，在编写本书的过程中难免有不足之处，恳请广大读者指正批评，除了扫描二维码添加订阅号获取资讯以外，也可加入QQ群111083348与我们交流。

编者
2017年8月

如何获取云空间资料

一、扫描关注微信公众号

在手机微信的"发现"页面中点击"扫一扫"功能，如右一图所示，进入"二维码 / 条码"界面，将手机对准右二图中的二维码，扫描识别后进入"详细资料"页面，点击"关注"按钮，关注我们的微信公众号。

二、获取资料下载地址和密码

点击公众号主页面左下角的小键盘图标，进入输入状态，在输入框中输入本书书号的后 6 位数字"579380"，点击"发送"按钮，即可获取本书云空间资料的下载地址和访问密码。

三、打开资料下载页面

方法 1：在计算机的网页浏览器地址栏中输入获取的下载地址（输入时注意区分大小写），如右图所示，按 Enter 键即可打开资料下载页面。

方法 2：在计算机的网页浏览器地址栏中输入"wx.qq.com"，按 Enter 键后打开微信网页版的登录界面。按照登录界面的操作提示，使用手机微信的"扫一扫"功能扫描登录界面中的二维码，然后在手机微信中点击"登录"按钮，浏览器中将自动登录微信网页版。在微信网页版中单击左上角的"阅读"按钮，如右图所示，然后在下方的消息列表中找到并单击刚才公众号发送的消息，在右侧便可看到下载地址和相应密码。将下载地址复制、粘贴到网页浏览器的地址栏中，按 Enter 键即可打开资料下载页面。

四、输入密码并下载资料

在资料下载页面的"请输入提取密码"下方的文本框中输入步骤 2 中获取的访问密码（输入时注意区分大小写），再单击"提取文件"按钮。在新页面中单击打开资料文件夹，在要下载的文件名后单击"下载"按钮，即可将其下载到计算机中。如果页面中提示选择"高速下载"还是"普通下载"，请选择"普通下载"。下载的资料如为压缩包，可使用 7-Zip、WinRAR 等软件解压。

> **提示**
>
> 读者在下载和使用云空间资料的过程中如果遇到自己解决不了的问题，请加入 QQ 群 111083348，下载群文件中的详细说明，或找群管理员提供帮助。

CONTENTS

第3章　自由控制抠取图像

3.1　创建精确的图像路径 / 55

第1章
写在照片处理之前

为了使照片的后期处理更加轻松、快捷，除了需要熟练掌握图像处理软件的高级编辑技术外，还需要掌握一些与照片处理相关的基本知识，如什么是抠图、图像抠取与合成的关系、常见的数码特效、图像的打开与存储等。本章将会详细讲解与照片处理相关的基本知识，帮助读者打下扎实的基础，从而提高处理照片的工作效率。

1.1 抠图与合成必知的几个问题

开始图像抠取与合成前，需要掌握一些与之相关的基本知识，如什么是抠图、为什么要抠图、抠图与合成的关系等。只有掌握了这些知识，才能在具体的图像编辑与设计过程中，更好、更快地完成图像抠取与合成操作。

1.1.1 什么是抠图

抠图是非常实用的图像处理技巧之一，具有抠出、分离之意，它与选区有着密切的联系。抠图的主要目的就是将要保留的区域与不保留的区域分离开来，即选中需要的一部分对象，然后将选中的对象从原有的图像中分离出来。Photoshop 中的图层是图像的载体，其功能类似于传统绘画中的画纸，因此在 Photoshop 中要完成图像的抠取操作，必须借助图层。

在 Photoshop 中打开一张照片，如下左图所示；选择工具箱中的选区创建工具，在画面中创建选区，选择需要的图像，如下中图所示；选择对象后，如果要将图像从原素材中抠取出来，可以按下快捷键 Ctrl+J，复制选区中的图像并单独存储于一个图层中，如下右图所示。此时原图像效果不变，若要查看抠出的图像，则在"图层"面板中隐藏原图像所在的"背景"图层，隐藏图层后除选中的区域外，其余区域将显示为灰白相间的棋盘格图案。

技巧 隐藏图层

使用 Photoshop 抠图时，若要隐藏图层，可以在"图层"面板中单击相应图层前的"指示图层可见性"图标。对于已经隐藏的图层，也可以单击该图标，将其重新显示出来。

1.1.2 　抠图与合成的关系

前面已经介绍过，抠图是把图像中的一部分内容分离出来，成为一个单独的图层，而它与合成是相辅相成的。抠图是图像后续处理的重要基础，也是为后期的图像融合作准备。图像融合就是将抠出的一个或多个图层融合到一个图像中，是完成图像合成的重要过程。抠出的图层可以应用到不同的图像中进行融合处理，通过调整图像之间的色彩差异，可得到不同意境的画面效果。

如右图所示，将 1.1.1 小节中抠出的人物图像融合到新的背景图像中，再添加其他元素，合成全新的画面效果。

1.1.3 　怎样使合成的图像更自然

抠取图像并进行合成处理时，需要充分考虑合成图像的美观，并不是随便找几幅图像拼合到一起就能得到不错的效果。为了让抠出的图像与其他图像融合后的效果更加自然，在图像抠取与合成过程中需要注意很多问题，如选择的素材是否合适、颜色是否协调等。下面对这些注意事项进行深入分析。

■ 1. 选择合适的素材

素材的选择是抠取与合成图像的关键。只有选择合适的照片，才能让合成后的图像更加自然，同时提高图像处理的效率。

如右图所示，首先抠出小猫图像，然后在合成时分别选择两幅不同的背景来表现。从合成后的图像来看，左侧图像所选择的背景素材，无论是色彩还是景深层次，都比右侧图像的背景素材更为合适。

■ 2. 准确选择对象

在图像的抠取与合成中，大部分操作都是围绕对象的选择来进行的。在 Photoshop 中，需要利用选区功能来选择图像。合成照片前，需要在原图像中创建干净、完整的选区，把需要的对象准确地抠取出来，然后将其应用到合适的背景中，使合成的图像边缘更加完美。

如下图所示，虽然在两幅图像中选择的对象相同，但是前一幅图像放大后，会看到抠取的图像边缘有不自然的黑色，这样的图像在合成时，给人的感觉会非常"假"；而在后一幅图像中，对选区边缘进行仔细调整后再将对象抠出，可以看到图像的边缘非常干净。

■ 3. 统一合成图像的颜色

色彩对人们的心理活动有着重要的影响，而它在图像的合成应用中也是至关重要的。将两幅或多幅不同的图像组合到一起的时候，其色彩难免会存在一定的差异。为了让抠出的图像与其他图像的融合效果更自然，需要在处理时调整各个图像的颜色，统一画面的色调。

如下图所示，在前一幅图像中，未对人物和背景的颜色进行处理，画面中两者的颜色搭配不自然；而在后一幅图像中，减弱了背景的黄色和红色，加强了人物部分的黄色和红色，统一了背景与人物的颜色，使合成的图像更加自然。

> **技巧　载入对象选区**
>
> 　　在 Photoshop 中，可以按住 Ctrl 键不放，单击"图层"面板中的图层缩览图，将图层中的对象作为选区载入，再应用调整命令或调整图层对选区中的图像进行处理。

1.2　常见的数码特效

　　一般情况下，一张好照片应具有成像清晰、曝光平和、无过大的反差等特征。但是无论哪种题材的数码照片，过于单一的表现手法都往往会使照片黯然失色。这时不妨尝试利用一些特殊的表现手法，以拍摄出特殊效果的照片。常见的照片特效包括变焦爆炸、星光特效、动感特效、虚化光斑等。对于一些没有经验的摄影爱好者来说，想要拍摄出满意的特殊效果会比较困难，此时可以在后期处理时，应用图像处理软件来创建漂亮的数码特效。

■　1．变焦特效

　　变焦特效的本质是使照片中的被摄对象看似在向你运动或离你远去，并且还带着运动的线条。拍摄方法是按下快门后，待曝光时间过半时调整镜头焦距，利用曝光时间后半程的焦距变化来营造画面的放射状效果。下图所示即为使用数码相机拍摄出来的变焦特效画面。

■　2．折返特效

　　折返特效独特的"甜甜圈"焦外效果受到很多摄影爱好者的喜爱，也是常见的摄影特效之一。如果条件允许，可以选择在相机上加装折返镜头来创建折返特效。另外，也可以使用普通相机镜头模拟折返镜头的拍摄效果。

　　右图所示就是使用折返镜头拍摄的折返效果，两张照片的画面均给人梦幻、唯美的视觉感受。

3. 星光特效

星光特效是指在相机前加装星光镜头进行拍摄，拍摄出的灯光会呈现出十字形、米字形、菱形等光芒四射的特殊效果，它常用于舞台、夜景的拍摄，如下左图所示。此外，拍摄很多日出、日落题材的照片时，也可使用星光镜头拍摄星光特效，营造浪漫而充满艺术性的画面效果，如下中图和下右图所示。

4. 多重曝光

多重曝光是一种特殊的拍摄技法，通过利用不同焦距分两次或多次曝光来表现一张照片难以表现的内容。多重曝光特效多用于表现双影或多照效果，即将不同时间在同一场景中所拍的对象重叠起来，形成交错的叠影效果。通过多重曝光手法拍摄的图像，具有独特的视觉效果。右图所示的花卉照片即是应用多重曝光方式拍摄的。

5. 鱼眼和光斑特效

鱼眼特效是指使用鱼眼镜头拍摄的照片效果。这类影像通常会在画幅内形成一个圆形，且透视线条沿各个方向从中心向外辐射，画面内除通过中心的直线仍保持平直外，其他部分的直线将会变弯，如右图中的左侧图像所示。

光斑特效在夜景照片中最为常见，它是通过特殊的拍摄手法，把背景处理成虚化的光斑效果，以营造出唯美、梦幻的画面，如右图中右侧的人像照片所示。

1.3 照片后期处理必备的技能

学习使用 Photoshop 进行照片处理前，需要对 Photoshop 的基本功能有一定的了解，如文件的打开与存储、图像的复制与粘贴等。掌握这些基本操作和功能，能够在照片后期处理时更加容易，从而提高学习的效率。

1.3.1 关于Photoshop软件

Photoshop 是 Adobe 公司研发的一款专门用于图像制作和处理的软件，广泛应用于照片后期处理、广告设计、网页制作等行业。对于摄影师来讲，Photoshop 也是一款首选的图像处理软件，它能够实现"以假乱真"的图像效果。

Photoshop CC 2017 是 Photoshop 的最新版本。安装并启动 Photoshop CC 2017 后，可以看到整个界面呈经典的深灰色，便捷的工具及面板设计能帮助用户快速完成照片的后期处理，简洁的版面设计更能缓解视觉压力，如下左图所示。

Photoshop 提供了许多编辑与处理图像的工具与菜单命令，可以对照片的明暗、色彩进行调整，也可以抠取照片中需要的部分，通过合成的方式创建全新的画面效果。如下右图所示即是将多张不同的素材照片，运用 Photoshop 提供的抠图、合成、特效技术拼合起来，创建出富有新意的画面效果。

1.3.2 提高性能的首选项设置

在 Photoshop 中，无论是界面的显示设置，还是图像的存储设置等，都可以通过"首选项"对话框进行调整。

执行"编辑＞首选项＞常规"菜单命令或按下快捷键 Ctrl+K，可打开"首选项"对话框。该对话框包含"常规""界面""工作区"等多个选项卡，如右图所示。

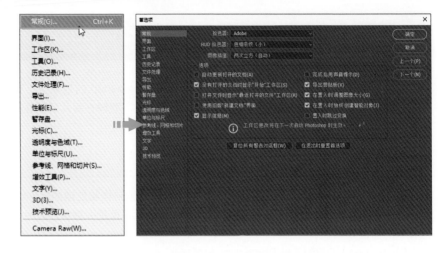

在"首选项"对话框中，"性能"选项卡中的选项尤为重要，其中包括对计算机内存的使用、历史记录与高速缓存的控制等。为了让后期处理的操作更加快捷、Photoshop 的使用更加高效，可以在"首选项"对话框中单击"性能"标签，展开如下左图所示的"性能"选项卡，在其中对一些参数进行调整。除"性能"选项卡外，"暂存盘"选项卡中的选项也是影响处理效率的关键，如下右图所示。暂存盘是 Photoshop 的虚拟内存设置，因此不要将暂存盘设置为系统盘或分配了虚拟内存的磁盘分区，否则会造成 Photoshop 与系统争抢资源而降低使用性能。

（技巧）打开"Camera Raw首选项"对话框

在"首选项"对话框中单击"文件处理"标签，将会展开"文件处理"选项卡。在该选项卡中单击"Camera Raw 首选项"按钮，即可打开"Camera Raw 首选项"对话框。在该对话框中可以对 Camera Raw 的首选项加以调整。

1.3.3 图像的打开与存储

打开和存储图像是数码照片后期处理的基础。在开始照片处理前，需要在 Photoshop 中打开照片，而完成照片的编辑后，还需要将编辑后的图像存储到指定的文件夹中。Photoshop 中打开和存储图像的方法多种多样，用户可以根据需要选择合适的方法。

■ 1. 打开图像

在 Photoshop 中，可以执行"打开"命令打开指定文件。如下左图所示，执行"文件>打开"菜单命令或按下快捷键 Ctrl+O，打开"打开"对话框；在该对话框中选择要打开的文件，如下中图所示。如果需要打开的文件未显示，则可以在"文件类型"下拉列表框中选择用于显示所有文件的选项。选择图像后，单击"打开"按钮，就可以在 Photoshop 工作界面中打开所选文件，如下右图所示。

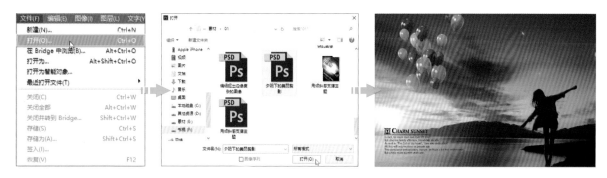

■ 2. 打开最近编辑过的图像

Photoshop 中除了可以使用"打开"命令打开图像外，也可以快速打开最近编辑过的图像。在 Photoshop 中执行"文件>最近打开文件"菜单命令，在弹出的级联菜单中会显示最近编辑过的图像，单击即可打开。另外，还可以在"起点"工作区中打开最近编辑过的文件。

启动 Photoshop 程序时会显示"起点"工作区。在工作区中间显示了最近编辑过的 20 个文件，单击需要打开的文件缩览图，即可将在 Photoshop 工作窗口中打开该文件，如右图所示。

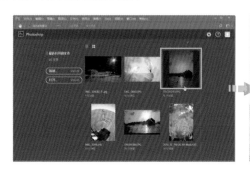

■ 3．存储图像

使用 Photoshop 处理图像的过程中或完成图像编辑后，都可以将图像存储到指定的文件夹中。要将图像存储到其他位置，可以执行"文件＞存储为"菜单命令，打开"另存为"对话框；在该对话框中可以指定文件的存储位置，还可以设置文件名和保存类型，如右图所示。设置完成后单击"保存"按钮，即可存储图像。

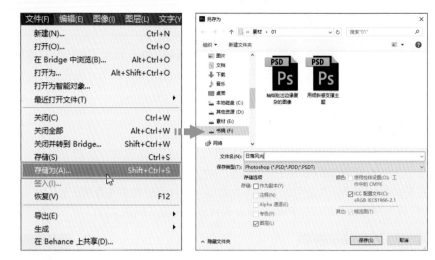

1.3.4　图像尺寸的调整

为了给后期处理留下较大的编辑空间，在拍摄、存储照片时，通常会选择较大的"宽度"和"高度"值。后期处理时，如果直接对原始照片进行编辑与设置，会因图像过大而占用较多的存储空间，同时会影响处理的效率。为了提高照片处理效率，需要先调整照片的尺寸，再调整照片效果。在 Photoshop 中，可以单独调整一张照片的尺寸，也可以批量调整多张照片的尺寸。

■ 1．调整单张照片的尺寸

在 Photoshop 中，使用"图像大小"命令可以单独调整一张照片的尺寸。执行"图像＞图像大小"菜单命令，打开"图像大小"对话框，在对话框中显示了当前照片的宽度、高度及分辨率。只需在"宽度"或"高度"数值框中输入数值，Photoshop 就能根据输入的值调整照片大小。"图像大小"对话框中的"宽度"和"高度"默认处于锁定状态，用户只需更改其中一个选项，另一个选项就会根据照片的原始宽高比例自动调整为相应的值。如果取消锁定，则更改其中一个选项时，另一个选项将不会产生任何变化，这样调整照片尺寸时会造成照片变形。

打开一张人像照片，执行"图像＞图像大小"菜单命令，打开"图像大小"对话框。在该对话框中可以看到"图像大小"为 34.9MB，"宽度"为 3024 像素，"高度"为 4032 像素，由此可知照片尺寸较大，如右图所示。

将鼠标移至"宽度"或"高度"数值框中，单击显示闪烁的光标后，输入相应的数值。如右图所示，设置"宽度"为1000，由于"宽度"和"高度"为锁定状态，所以Photoshop会自动调整照片的"高度"值，然后单击"确定"按钮，即可调整照片尺寸。

更改照片尺寸后，在图像窗口中以相同的缩放比例显示图像时，可以看到图像所占的区域范围变小了。

■ **2．批量调整照片尺寸**

在Photoshop中调整多张照片的尺寸时，如果使用"图像大小"命令一张张调整，就太过麻烦了，此时可以使用"图像处理器"命令批量调整。"图像处理器"命令可以同时为多幅图像设置一个变换动作，并将处理后的图像调整为合适的大小，图像的大小和品质都可以由用户自行指定。

执行"文件 > 脚本 > 图像处理器"菜单命令，打开"图像处理器"对话框，如右图所示。在"图像处理器"对话框中需要设置处理图像的来源和图像处理后的存储位置，然后可以在"文件类型"选项组中指定文件的存储格式及文件大小，设置后单击"运行"按钮，就可以进行照片的批处理调整了。下图所示为批量调整尺寸前后的图像效果。

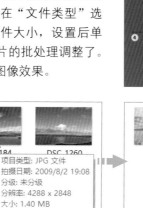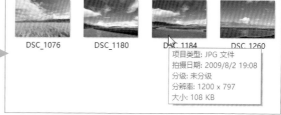

1.3.5　图像的复制与粘贴

在进行数码照片的抠取与合成操作时，会经常应用图像的复制与粘贴。在Photoshop中，通过"拷贝"命令可以将选定的图像复制到剪贴板中，再通过"粘贴"命令，可以将剪贴板中的图像粘贴到指定的画面中。

在 Photoshop 中可以复制整个图像，也可以复制选区中的图像。若要复制整个图像，则执行复制操作前，先执行"选择>全部"菜单命令，选择整个图像，如下左图所示。如果需要复制部分图像，则需要先使用选区工具在图像中创建选区，然后执行"编辑>拷贝"菜单命令，复制选区中的图像，如下右图所示。

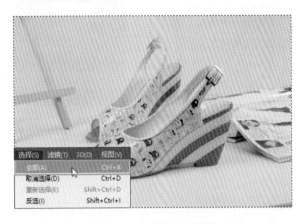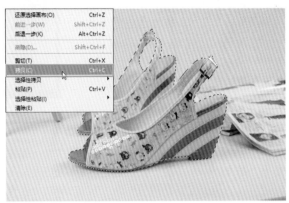

执行复制操作后，被复制的图像会存储在剪贴板中，而且不会对原图像有任何影响。打开另一幅图像，执行"编辑>粘贴"菜单命令，即可将所复制的图像粘贴到新打开的图像中。对于复制的图像，可以利用"变换"命令调整它的位置、大小及角度等。

如下图所示，将前面选择并复制的鞋子图像粘贴到一幅新的背景图像中，再通过调整，使其与新背景自然地融合在一起。

第2章
根据色彩抠取图像

　　Photoshop 提供了较多根据色彩抠取图像的工具，包括"快速选择工具""魔棒工具""背景橡皮擦工具"等。在数码照片后期处理过程中可以观察图像，根据图像中的色彩分布情况，选择合适的工具抠取图像。不同的工具在操作方法上会有一定的差别。本章将分别对这些工具的使用方法和具体应用进行详细讲解。

"快速选择工具"是最为常用的抠图工具之一，其使用方法与"画笔工具"类似。"快速选择工具"即以画笔的形式出现，它利用可调整的圆形画笔笔尖快速"绘制"选区。抠图时，可以像绘画一样涂抹出抠取对象的范围，然后选中需要抠取的对象。"快速选择工具"主要适用于主体颜色与背景颜色差别较大、边缘轮廓相对简单的图像的抠取，不适合抠取边缘较复杂或轮廓不清晰的图像。

如下面左侧两幅图像所示，照片中人物和帽子的外形轮廓简单，边缘清晰，且与旁边的背景颜色对比明显，使用"快速选择工具"在照片上连续单击，就能轻松选择并抠出需要的图像；而下面右侧的图像，因为主体人物与环境色融合得非常自然，颜色也很接近，甚至纤细的发丝边缘还有些模糊，就不适合使用"快速选择工具"抠取。

2.1.1 应用要点1：扩大/缩小要抠取的范围

使用"快速选择工具"抠图时，需要先单击工具箱中的"快速选择工具"按钮来选择此工具。此时会显示对应的工具选项栏，在选项栏中调整工具选项，然后在图像上单击，即可根据单击的位置和设置的选项，在图像中创建相应的选区效果，如右图所示。这里要抠取鞋子，所以运用"快速选择工具"在红色的鞋子位置单击，创建选区。

(技巧) 使用快捷键选择"快速选择工具"

在 Photoshop 中，按下键盘中的 W 键，可以快速选中"快速选择工具"。

为了完整地选中要抠取的图像，需要使用选项栏中的"添加到选区"和"从选区减去"按钮，对创建的选区做进一步调整，以控制要抠取的对象范围。单击"添加到选区"按钮，在创建的选区外单击，可以将新的选区添加到已有选区中，达到扩大选区的目的，如右图所示。

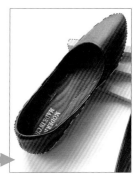

单击"从选区减去"按钮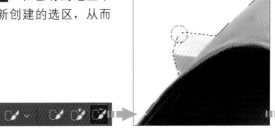，在已有的选区中单击，可以从已有选区中减去新创建的选区，从而缩小选择范围，如右图所示。

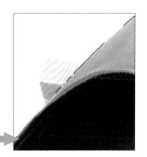

2.1.2　应用要点2：调整画笔控制选区大小

应用"快速选择工具"选择图像时，除了可以使用"添加到选区"和"从选区减去"按钮控制选择的范围外，也可以通过画笔来调整选择图像的范围。由于"快速选择工具"是以画笔方式出现的，所以在选项栏中单击"画笔"右侧的下拉按钮，将会打开"画笔"选取器，在其中就可以对画笔笔触的大小进行设置。设置的画笔"大小"值越大，在图像中单击时得到的选区就越大；设置的画笔"大小"值越小，在图像中单击时得到的选区就越小。如右图所示，可以看到当设置画笔"大小"为50像素时，在图像中单击后得到的选区比"大小"为150像素时的要小得多。

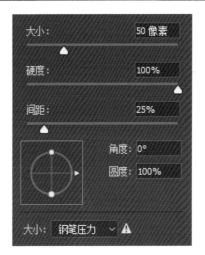

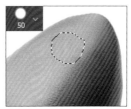

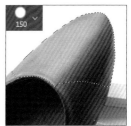

2.1.3 应用要点3："收缩选区"使抠取的图像更干净

使用"快速选择工具"选择图像时，为了避免抠出的图像边缘出现多余的像素，可以利用"收缩"命令对选区进行收缩处理。

执行"选择＞修改＞收缩"菜单命令，打开"收缩选区"对话框。如右图所示，在对话框中输入合适的"收缩量"后，单击"确定"按钮，即可收缩选区。设置的"收缩量"越大，向内收缩的效果就越明显。

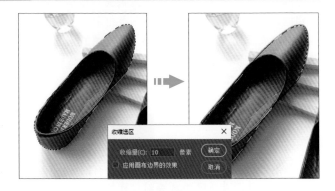

2.1.4 示例：使用"快速选择工具"抠出商品图像

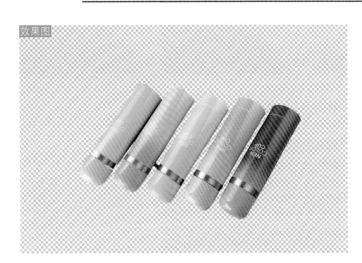

素　材：随书资源 \ 素材 \02\01.jpg
源文件：随书资源 \ 源文件 \02\ 使用"快速选择工具"抠出商品图像 .psd

01 打开素材并创建选区

打开素材文件 01.jpg，选择"快速选择工具"，在选项栏中单击"添加到选区"按钮，并根据照片中保温杯的大小，设置画笔大小为 70，然后在照片中的绿色保温杯位置单击，创建选区，选择图像。

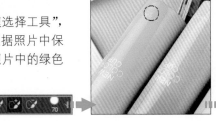

02 继续添加选区

继续使用鼠标在其他颜色的保温杯位置单击，添加选区，扩大选择范围，直到选取所有的保温杯图像。

03 设置并减少选择区域

选择图像后，会发现杯子之间的部分图像也被添加到了选区中。单击"快速选择工具"选项栏中的"从选区减去"按钮，将画笔大小设置为较小的参数值15，在保温杯之间的背景位置单击，从已有选区中减去新选区，取消选中杯子之间的背景区域。

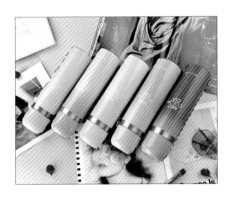

04 选中完整的保温杯图像

继续使用鼠标在其他保温杯之间的背景位置单击，单击时可以按下键盘中的 [键，缩小画笔笔尖，对选择的区域进行仔细调整，从而选中画面中除背景外的保温杯图像。

05 收缩选区

使用"快速选择工具"抠出的图像边缘易出现锯齿，为了让抠出的图像边缘平滑，执行"选择＞修改＞收缩"菜单命令，在打开的"收缩选区"对话框中设置"收缩量"为 2 像素，单击"确定"按钮，以较小的值收缩选区。

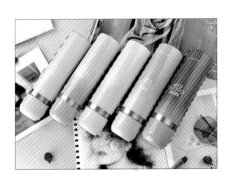

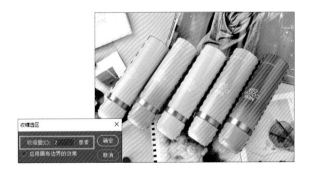

(技巧) 快速调整画笔大小

使用画笔涂抹图像时，按下键盘中的 [键可将画笔笔触缩小，按下键盘中的] 键可将画笔笔触放大。

06 羽化选区

执行"选择＞修改＞羽化"菜单命令，打开"羽化选区"对话框。在对话框中设置"羽化半径"为2像素，单击"确定"按钮，羽化选区。

07 复制选区中的图像

按下快捷键Ctrl+J，复制选区中的图像，得到"图层1"图层。单击"背景"图层前的"指示图层可见性"图标 ，隐藏"背景"图层，显示抠出的图像。为了让抠出的图像边缘更加平滑，可以接着使用"橡皮擦工具"适当地涂抹边缘部分，从而得到更干净的保温杯图像。

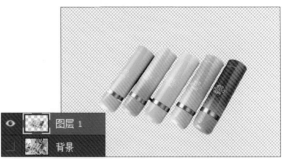

2.2　快速擦除照片背景

在Photoshop中，使用"背景橡皮擦工具"可以快速清除照片中的背景图像，将需要的图像从背景中分离出来。"背景橡皮擦工具"是一种智能化的抠图工具，它具有自动识别图像边缘的功能，可以将指定范围内的图像擦除为透明区域。此工具对素材图像有一定的要求，首先背景不能太复杂，最好为单色，对象边缘与背景部分的颜色对比越强，抠出的图像效果越好；其次对象边界应清晰，不能太模糊。

如下左图所示的两张照片，采用了纯色背景拍摄，这样的图像在抠取的时候，使用"背景橡皮擦工具"在背景中连续涂抹，就能快速抠出需要的图像；而下右图所示的照片，为了让画面呈现更精彩的视觉效果，在背景中有装饰性元素，导致背景变得复杂，这种类型的照片就不适合使用"背景橡皮擦工具"抠图。

2.2.1　应用要点1：“背景橡皮擦工具”的使用方法

　　“背景橡皮擦工具”的使用方法非常简单，选择“背景橡皮擦工具”后，将鼠标移到图像上时，鼠标指针会变为圆形，并在圆形中间显示一个十字线，如下左图所示。在擦除图像的时候，只需沿着对象的边缘拖曳鼠标涂抹，Photoshop会自动采集十字线位置的颜色，将工具范围（即圆形区域）内出现的类似颜色擦除，如下中图和下右图所示。

2.2.2　应用要点2：使用不同的取样方法抠图

　　“背景橡皮擦工具”选项栏提供了“取样：连续”“取样：一次”和“取样：背景色板”3个颜色取样按钮，如右图所示。这3个按钮决定了“背景橡皮擦工具”如何在图像上取样。

　　默认情况下，“取样：连续”按钮为选中状态。此时如果移动鼠标，则Photoshop会随时对出现在十字线处的颜色进行取样。所以在这种取样方式下，鼠标指针中心的十字线一定不能接触需要保留的对象，否则需要保留的对象会被擦掉。当照片中的背景颜色变化较大时，可以结合“取样：连续”方式取样，以抠取完整的对象。如下左图所示，十字线位于背景位置，只擦除了背景部分；而在下右图所示的照片中，由于将十字线置于要保留的背带位置，因此涂抹后将背带也擦掉了。

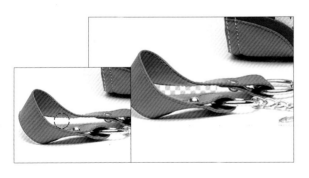 

　　单击“取样：一次”按钮，在画面中单击鼠标进行颜色取样，然后按住鼠标左键拖曳，则无论鼠标移动到什么位置，鼠标指针中心的十字线接触到什么样的图像，都只会擦除与取样颜色相近的颜色。在这种取样

方式下，可以忽略鼠标指针中心的十字线的位置。如下左图所示，将鼠标移动到背景位置单击，取样颜色，涂抹时会擦除鼠标下方的图像，如下中图所示；将鼠标移动到需要保留的对象位置涂抹，可以看到没有对图像造成损坏，如下右图所示。

除此之外，使用"背景橡皮擦工具"抠图时，还可以自定义取样颜色，为图像的抠取提供更多的便捷。其操作方法为，单击选项栏中的"取样：背景色板"按钮，选择"吸管工具"，按住 Alt 键在背景上单击，取样背景颜色，如右图所示；吸取颜色后，在背景上涂抹，就会将与吸取的背景颜色相似的区域擦除，如下左图所示。如果背景中包含较多颜色，则可以适当缩小"容差"值，然后取样并擦除相应的颜色。这里作为背景的天空部分除了蓝色，还有白色，所以再吸取白色，并进行图像的擦除操作，抠出更精细的图像，如下右图所示。

2.2.3　应用要点3：通过"容差"确定要擦除的区域大小

通过"容差"选项，可以控制颜色范围，即"容差"决定了什么样的颜色能够与取样颜色"相似"。设置的"容差"值越高，擦除的范围就越大；当"容差"值较低时，则只擦除与取样颜色最为相似的颜色区域。因此，当需要擦除的背景与需要保留对象的颜色相对接近时，需要设置较小的"容差"值；当背景与要保留对象的颜色差别较大时，则可以设置较大的"容差"值。如右图所示，分别把"容差"设置为28%和58%时，可以得到不同的抠图效果。

2.2.4　示例：抠出照片中的小朋友图像

素　材：随书资源 \ 素材 \02\02.jpg
源文件：随书资源 \ 源文件 \02\ 抠出照片中的
　　　　小朋友图像 .psd

01　打开图像设置工具选项

打开素材文件 02.jpg，选择"背景橡皮擦工具"，单击"取样：连续"按钮。由于素材图像中背景与要保留人物的颜色对比相对较弱，因此在选项栏中将"容差"设置为较小值。

02 擦除背景图像

将鼠标移至小朋友帽子旁边的背景位置，单击并拖曳鼠标，擦除旁边的背景图像。

03 擦除更多背景

继续沿小朋友边缘单击并拖曳鼠标，抠出图像，然后将"容差"值调大，在旁边大面积的背景位置涂抹，擦除更多颜色相近的背景图像。

04 查看抠出的图像效果

为了查看是否抠取了完整的图像，新建"图层1"图层，填充图层为黑色，按下快捷键Ctrl+[，将"图层1"图层移到"图层0"图层的下方，此时可以在黑色背景中查看抠出的图像效果。

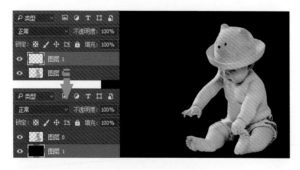

05 调整抠出的图像

选择"橡皮擦工具"，在"图层"面板中单击"图层0"图层，将鼠标移至背景位置，单击并涂抹，去掉多余的背景图像。

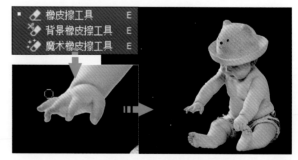

06 查看调整后的图像效果

单击"图层1"图层前的"指示图层可见性"图标，隐藏黑色的背景，查看抠出的图像效果。

2.3 抠取颜色相似的图像

处理照片时，如果需要连续选择颜色相似区域内的图像，则可以使用"魔棒工具"来完成。"魔棒工具"是一种基于色调和颜色差异来构建选区的工具，其使用方法非常简单，只需在图像上单击，Photoshop 就会根据单击位置的颜色选择与其色调相似的像素。"魔棒工具"适合背景颜色变化不大、轮廓清晰，且与背景色之间有一定差异的对象的快速抠取。

如下左图的两幅图像所示，花朵图像中的整个花朵轮廓非常清晰，且花朵颜色与背景色的反差较大，使用"魔棒工具"单击花朵就能轻松选中需要保留的花朵图像；而风光照片中天空部分的颜色非常相似，为自然的蓝色渐变效果，通过应用"魔棒工具"选择颜色相似的天空，再进行反选即可抠取色彩丰富的建筑和草地图像。在如下右图所示的素材图像中，背景桌布的颜色与盛放糕点的餐盘颜色太过接近，且桌布花纹繁复、餐盘边缘稍微有些模糊，这样的照片就不适合使用"魔棒工具"来抠取。

2.3.1 应用要点1：利用"容差"控制选择范围

在工具箱中按住"快速选择工具"不放，在弹出的隐藏工具中选择"魔棒工具"，如右图所示。选中"魔棒工具"后，可通过选项栏中的设置来调整对象的选取方式和选择范围等。

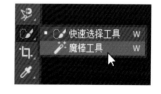

"魔棒工具"与"快速选择工具"的使用方法相似，也是通过单击的方式来选择图像，如下左图所示。不同的是，"魔棒工具"选择图像时主要由"容差"来确定选择的范围，设置的"容差"值越大，所选择的图像就越多。如下中图所示是默认"容差"为 32 时，在图像中单击获得的选区效果，可以看到选择的范围不大；当将"容差"设置为 200 时，在相同的位置单击，可以看到整个花朵部分都被选取了，如下右图所示。

2.3.2 应用要点2：通过"反选"抠取纯色背景中的复杂对象

使用"魔棒工具"选取图像时，如果要选择的对象边缘较复杂，而背景相对单一，则可以先使用"魔棒工具"选中背景，再通过执行"选择＞反选"菜单命令，把选中的区域和未选中的区域进行交换，从而快速选取需要的图像，如右图所示。

2.3.3 示例：使用"魔棒工具"抠出照片中的花朵图像

素　材：随书资源＼素材＼02＼03.jpg
源文件：随书资源＼源文件＼02＼使用"魔棒工具"抠出照片中的花朵图像.psd

01 选择"魔棒工具"单击背景区域

　　打开素材文件 03.jpg，选择"魔棒工具"，在选项栏中将"容差"设置为 60，将鼠标移至背景区域上单击，选中整个背景。

02 执行命令反选选区

　　由于这里需要抠取下方的花朵及叶子部分，因此执行"选择＞反选"菜单命令，反选选区，即可快速选中花朵和叶子图像。

03 抠出选区中的图像

　　按下快捷键 Ctrl+J，复制选区中的图像，得到"图层 1"图层，将"图层 1"下方的"背景"图层隐藏，可以看到抠出的图像效果。

2.4　擦除背景颜色相似的区域

　　如果觉得使用"背景橡皮擦工具"涂抹的方式抠取图像过于麻烦，那么可以尝试选用另一种更快速的抠图方式，即使用"魔术橡皮擦工具"抠图。"魔术橡皮擦工具"能够以最快的速度清除背景。从工作原理上来讲，它与"魔棒工具"相似，都是根据颜色差异来抠取图像，但应用"魔棒工具"抠图时需要通过复制或删除选区中的图像才能得到需要的图像，而"魔术橡皮擦工具"会直接去掉照片的背景，保留需要的部分，使图像的抠取更加快速、便捷。

"魔术橡皮擦工具"同样适用于背景简单、背景颜色与需要保留对象的颜色反差较大的图像。右侧所示的两幅素材图像的背景颜色单一，且主体对象与背景的颜色反差较大，这样的照片只需使用"魔术橡皮擦工具"在背景中单击，就能轻松抠出需要的图像。

而如下图所示的素材图像的背景虽然很简单，但是要保留的前景部分的颜色与背景颜色太过相似，这样的照片因为颜色反差不大，使用"魔术橡皮擦工具"擦除图像时，容易将需要保留的部分也擦除。

2.4.1　应用要点1："魔术橡皮擦工具"的使用方法

在工具箱中按住"橡皮擦工具"不放，在弹出的隐藏工具中即可选择"魔术橡皮擦工具"，如右图所示。

选择"魔术橡皮擦工具"后，移动鼠标至需要擦除的背景位置，如下左图所示。此时单击鼠标即可擦除与单击位置颜色相近的图像，如下中图所示。如果需要擦除面积较大的区域，则可以将选项栏中的"容差"值调大，然后在需要擦除的背景上再次单击，如下右图所示。

2.4.2　应用要点2："连续"擦除相似的颜色

　　"魔术橡皮擦工具"选项栏提供了"连续"复选框，默认情况下，此复选框为选中状态。这时使用"魔术橡皮擦工具"单击图像，将只擦除与鼠标单击位置相连的相似像素，若要擦除与单击位置不相连的相似像素，则可以取消该复选框的勾选状态。

　　如下图所示，选择"魔术橡皮擦工具"后，在花朵上方的背景位置单击，当勾选"连续"复选框时，单击后只擦除了上方与单击位置像素相连的背景；而取消勾选该复选框后，在相同的位置单击，不仅擦除了上方的背景，还擦除了与单击位置不相连的背景图像。

2.4.3　示例：使用"魔术橡皮擦工具"擦除照片背景

效果图

原图

素　材：随书资源 \ 素材 \02\04.jpg
源文件：随书资源 \ 源文件 \02\ 使用"魔术橡皮擦工具"
　　　　擦除照片背景 .psd

01 打开素材图像

　　执行"文件>打开"菜单命令，打开素材文件 04.jpg。

02 设置工具选项

　　选择"魔术橡皮擦工具"，在选项栏中设置"容差"为 40；为了擦除包包内部的背景图像，再取消"连续"复选框的勾选状态。

容差：40　☑消除锯齿　☐连续

03 使用工具擦除图像

　　在背景图像上单击，擦除背景。擦除后，为了让图像边缘更平滑，可以使用"橡皮擦工具"在边缘部分适当涂抹，修整图像。

2.5　沿着颜色差异边界创建选区

在 Photoshop 中，与其他根据色彩抠图的工具相比，"磁性套索工具"更容易自动识别图像的边界，可以用来抠取一些边缘相对较复杂且与背景对比强烈的对象。在处理图像的过程中，可以根据图像的颜色分布，在选项栏中调整工具选项，使"磁性套索工具"能够快速检测和跟踪对象的边缘，抠出更为准确的图像。

如下左图所示，上方的图中对象边界清晰，下方的图中需要保留的图像与背景差异较大，这两种类型的照片都适合使用"磁性套索工具"抠图；而如下右图所示的 3 张照片，均有对象颜色差异不明显、呈现半透明状态、边缘模糊不清等情况，这类照片不适合使用"磁性套索工具"抠图。

2.5.1　应用要点1："磁性套索工具"的使用方法

在工具箱中按住"套索工具"按钮不放，在弹出的隐藏工具中选择"磁性套索工具"，如右图所示。

选择"磁性套索工具"后，移动鼠标至对象的边缘位置并单击，设置路径的起点，然后释放鼠标，沿着对象的边缘拖曳即可，如下左图中的两幅图像所示。在拖曳的时候，Photoshop 会自动让路径吸附在对象边缘上。当移动鼠标回到起点位置时，将会在鼠标指针下方显示一个圆形，此时单击即可连接路径的起点与终点，得到封闭的选区，如下右图中的两幅图像所示。

沿对象拖曳鼠标时，手一定要稳，否则容易导致选择出的对象不够准确。如果需要在图像边缘的某一位置添加锚点，则可以在该位置单击，完成更准确的选区设置；如果需要删除锚点，则选中锚点后按Delete键即可。

2.5.2 应用要点2：调整"宽度"查找图像边缘

使用"磁性套索工具"选择图像时，可以应用选项栏中的"宽度""对比度"和"频率"来控制选择图像的精确程度。其中，"宽度"选项是指"磁性套索工具"的检测程度，它决定了以鼠标指针中心为基准，其周围有多少个像素能够被工具检测到。当需要选择的对象边缘非常清晰时，可以设置较大的"宽度"值，加快检测的速度；如果需要选择的对象边缘清晰度不够，则可以将"宽度"设置为较小的值，以更准确地识别对象的边界。

如右图所示，当"对比度"和"频率"一定时，在选项栏中先将"宽度"设置为6像素，沿鞋子边缘单击并拖曳鼠标，绘制选区，选择并抠出图像，可以看到因为"宽度"值较小，能够准确检测到对比较小的边缘，抠出的图像非常完整；而将"宽度"设置为60像素后，重新沿鞋子边缘拖曳并绘制选区，抠出选区中的图像，不难看出，虽然拖曳的路径相同，但因为增加了宽度，使软件不能检测到一些对比不太明显的边缘，导致抠出的图像不够准确。

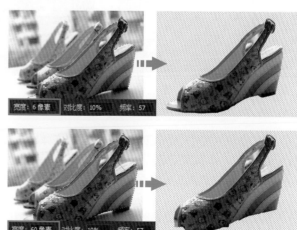

2.5.3 应用要点3：设置"对比度"准确检测边界

"磁性套索工具"选项栏中的"对比度"选项决定了对象与背景之间的对比度为多大时才能被工具检测到，其取值范围为1～100之间的任意整数。当设置的参数值较大时，可以检测到与背景色彩对比鲜明的边缘；当设置的参数值较小时，可以检测到与背景色彩对比不是那么鲜明的图像边缘。在具体的抠图过程中，如果需要选择的对象边缘比较清晰，则可以使用较大的"宽度"和较高的"对比度"来轻松选取图像；如果要选取的对象边缘比较柔和，则可以使用较小的"宽度"和较低的"对比度"获得更准确的抠图效果。如下图中的两幅图像所示，当"宽度"和"频率"一定时，设置不同的"对比度"值，沿对象拖曳时会生成不同的路径效果。

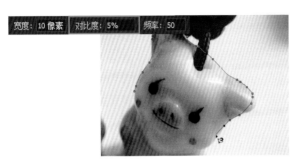 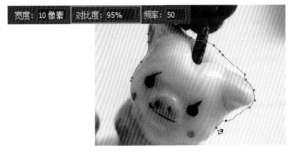

2.5.4 应用要点4：调整"频率"精确选取对象

"频率"选项用于设置生成锚点的密度，即"磁性套索工具"以什么样的频率在图像边缘生成锚点。设置的"频率"值越高，拖曳鼠标时在对象边缘生成的锚点数量就越多，选择的图像就越准确；反之，设置的"频率"值越低，产生的锚点数量也越少。右图所示为分别设置"频率"为30和80时沿对象边缘拖曳生成的锚点效果。

（技巧） 调整选择的范围

使用"磁性套索工具"抠取图像时，如果需要选择不连续的区域，则可以单击选项栏中的"添加到选区""从选区减去"或"与选区交叉"按钮，调整选区的范围。

2.5.5 示例：使用"磁性套索工具"抠出漂亮的高跟鞋

素　材：随书资源 \ 素材 \02\05.jpg

源文件：随书资源 \ 源文件 \02\ 使用 "磁性套索工具"抠出漂 亮的高跟鞋 .psd

01 选择"磁性套索工具"

打开素材文件 05.jpg，单击"磁性套索工具"按钮。为了避免抠出的图像边缘产生明显的锯齿，先设置"羽化"为 1 像素。

02 设置工具选项

图像中鞋子边缘有部分区域比较柔和，为了获得更精确的抠图效果，这里在选项栏中设置较小的"宽度"值、"对比度"值及较大的"频率"值。

宽度：5 像素	对比度：10%	频率：85

技巧 使用快捷键选择"磁性套索工具"

在 Photoshop 中，按下键盘中的 L 键，可以快速选中"磁性套索工具"。

03 沿左侧鞋子单击并拖曳

在左侧红色高跟鞋的边缘位置单击并拖曳鼠标,此时会在图像边缘生成连续的路径。当终点与起点重合时,鼠标指针会变为 形状。

04 创建选区

单击鼠标,连接路径的终点与起点,创建选区,选中左侧的高跟鞋对象。

05 添加新选区

单击选项栏中的"添加到选区"按钮 ,将鼠标移到右侧的高跟鞋位置,单击并沿着鞋子边缘拖曳鼠标,创建选区,选择图像。

06 从选区中减去多余对象

经过上一步操作后，可以看到位于鞋带中间的背景也被添加到了选区中，需要将其从选区中删除。单击选项栏中的"从选区减去"按钮，在鞋带中间的位置单击，并沿着鞋带边缘拖曳鼠标，从原选区中减去新选区。

07 调整选区边缘

结合"磁性套索工具"选项栏中的"添加到选区"和"从选区减去"按钮，继续对选区边缘做仔细调整，创建更精确的选区。

08 抠出选区中的鞋子

按下快捷键 Ctrl+J，复制并抠取选区中的红色高跟鞋图像，在"图层"面板中生成"图层1"图层。单击"背景"图层前的"指示图层可见性"图标，隐藏"背景"图层，查看抠出的红色高跟鞋图像。

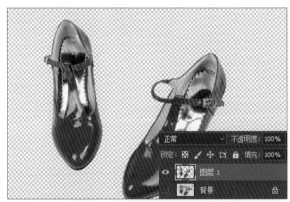

2.6 轻松获得复杂选区

要轻松抠取边缘复杂的对象，除了可以应用前面介绍的几种工具外，也可以使用"色彩范围"命令。"色彩范围"命令同样是根据图像的颜色和影调来完成图像的选择，从工作原理上来讲，它与"魔棒工具"有些类似，但"色彩范围"命令拥有更多的控制选项，可以用于更高精度的图像的抠取，并且可以羽化选区，使抠出的图像呈现透明效果。"色彩范围"命令对图像边界的复杂程度、清晰程度的要求没有其他工具高，但需要图像颜色、明暗对比较强。如下左图所示的 3 张照片，图像明暗、颜色对比很强，使用"色彩范围"命令取样颜色就能轻松抠出需要的对象；而下右图所示的两张照片，虽然图像很清晰，但是画面整体色调的过渡较柔和，如果应用"色彩范围"命令，则不易准确选取指定颜色。

2.6.1　应用要点1：根据取样颜色抠取图像

　　"色彩范围"命令主要根据取样颜色来确定选择的对象范围。默认情况下，初始的选区是以前景色为依据创建的。如下图所示，在工具箱中可以看到设置的前景色为红色，此时执行"选择＞色彩范围"菜单命令，打开"色彩范围"对话框，在预览图中可以看到红色区域显示为白色，表示这部分为选中的区域，即需要保留的区域；而其他区域显示为黑色或灰色，表示该部分图像为未选中的区域或羽化的区域。

为了得到更准确的选区效果,可以在"色彩范围"对话框中使用"吸管工具"再对颜色加以取样,调整要选择的范围。打开"色彩范围"对话框后,将鼠标置于预览图或打开的素材上,此时鼠标指针会变为吸管形状,单击即可重新拾取单击位置的颜色,并选中与之相似的颜色,如右图所示。

如果需要选择的色彩范围较宽,则需要使用"添加到取样"和"从取样中减去"工具对选择的颜色范围做进一步的设置。如下左图所示,要将更多红色的瓶子添加到选区中,可单击"添加到取样"按钮,然后将鼠标移至红色的瓶身位置,当鼠标指针变为形状时单击鼠标,单击后与单击位置颜色相似的红色会被添加到选区中,从而扩大了选择的范围;而对于不需要选择的背景部分,则可以单击"从取样中减去"按钮,当鼠标指针变为形状时,在白色背景位置单击,删除不需要选择的背景,如下右图所示。

2.6.2 应用要点2：选择特定的色彩或影调抠图

"色彩范围"命令不但可以通过取样颜色的方式抠出需要的对象,还可以应用"选择"下拉列表框中的选项,快速抠出特定的颜色和色调。单击"选择"右侧的下拉按钮,即可展示如右图所示的"选择"下拉列表,在下拉列表中包括"红色""黄色"和"绿色"等颜色选项,以及"阴影""中间调"和"高光"3个固定的色调选项。在处理图像的时候,根据需要选择其中一个选项后,就会将对应的颜色或色调部分创建为选区。

如下图所示,在"选择"下拉列表框中选择不同的选项时,可以看到在下方的预览图中显示了不同的选择范围。

2.6.3　应用要点3：利用"颜色容差"控制选择范围

应用"色彩范围"命令选择对象时，除了可以使用"吸管工具""添加到取样"和"从取样中减去"工具控制选择对象的范围，也可以使用"颜色容差"选项进行调节。通过拖曳选项下方的滑块或直接输入数值，可以调整选项值。设置的"颜色容差"值越小，所包含的颜色范围就越小；反之，设置的"颜色容差"值越大，所包含的颜色范围就越大。如右图所示，先使用"吸管工具"在照片中单击，对颜色进行取样。

执行"选择>色彩范围"菜单命令，在"色彩范围"对话框中分别将"颜色容差"滑块拖曳至不同的位置，通过对话框中的预览图可观察到不同"颜色容差"值下所选择的范围，如下图所示。

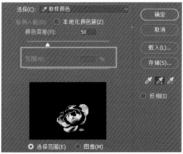

"色彩范围"对话框中的"颜色容差"选项不仅可以决定选择的颜色范围，而且可以控制相关颜色的选择程度。当"颜色容差"为 100 时，不仅选择的范围最大，而且选择的程度最强，此时预览图上选择的区域会显示为白色；当"颜色容差"为 0 时，选择的范围最小，选择的程度也最弱，在预览图上显示为纯黑色；当"颜色容差"为 0 ～ 200 时，将选择部分颜色，并在预览图上以灰色显示，其中深灰色部分被选择的程度比浅灰色部分被选择的程度要高，通过这样的方式抠出的图像将包含半透明的像素，如下图所示。

（技巧）启用"本地化颜色簇"选择对象

　　使用"色彩范围"命令选择对象时，可以通过勾选"本地化颜色簇"复选框，控制包含在蒙版中的颜色与取样点的最大和最小距离。其中，距离的大小由下方的"范围"选项决定，当设置的"范围"值较大时，可以选择更多的图像。

　　虽然"魔棒工具"选项栏中的"容差"选项与"色彩范围"对话框中的"颜色容差"选项的作用相似，但是也有一定的差别。"魔棒工具"选项栏中的"容差"选项只能用于调整选择范围的大小，而不能用于控制选择的程度。如果设置的"容差"值较小，则会选择与单击点像素非常相似的少量颜色；当设置的"容差"值较大时，会选择更多与单击点像素相似的颜色。但是无论怎么设置，它都不能选择并抠出具有半透明效果的图像。如右图所示，将"颜色容差"和"容差"都设置为 40 时，在相同的颜色上取样并抠出，从图像效果上能够明显看到两者的区别。

2.6.4　应用要点4："反相"选取快速抠出图像

　　"色彩范围"对话框中的"反相"功能是经常应用的功能之一。抠取一些边界复杂的对象时，为了快速抠出图像，通常会将色彩单一的背景部分选中，再通过"反相"功能选中与之相反的需要保留的图像。如右图所示，要抠出画面中美丽的格桑花,在处理的时候,先在"色彩范围"对话框中使用"吸管工具"在花朵后方的背景上单击，取样颜色，这时在预览图中会看到背景显示为白色，即为选中的部分。由于这里要选择的是花朵，因此只需再勾选"反相"复选框，如下左图所示。此时原白色的背景显示为黑色，原黑色的花朵部分显示为白色，确认后就会将白色的花朵部分创建为选区。下中图所示为创建的选区效果，下右图所示为抠出花朵图像的效果。

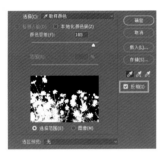  

2.6.5　示例：为纯色的天空和湖面添加云朵效果

素　材：随书资源 \ 素材 \02\06.jpg、07.jpg
源文件：随书资源 \ 源文件 \02\ 为纯色的天空
　　　　和湖面添加云朵效果 .psd

01 打开素材图像

打开素材文件 06.jpg，可以看到素材图像中云朵的颜色与天空、湖面的颜色区别较大，可以使用"色彩范围"命令来选择图像。

02 根据吸取颜色设置选择范围

执行"选择＞色彩范围"菜单命令，打开"色彩范围"对话框，使用"吸管工具"在白色的云朵位置单击，吸取颜色。根据吸取的颜色，显示选择范围。

03 调整选择范围

为了选择更多的云朵图像，单击"添加到取样"按钮 ，继续在旁边的白云位置单击，选中所有云朵图像。此时除云朵外的其他部分将显示为黑色，再向右拖曳"颜色容差"滑块，扩大选择范围，选择更多的云朵图像。

04 复制并抠出图像

单击"确定"按钮，关闭"色彩范围"对话框，根据设置的选择范围创建选区。按下快捷键 Ctrl+J，复制选区中的图像，得到"图层 1"图层。

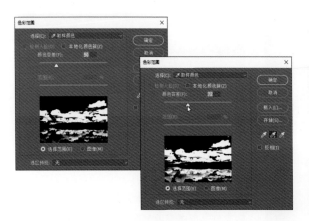

05 复制新背景

打开素材文件 07.jpg，这张照片中天空和湖面部分太过单调，因此将打开的图像复制到"图层 1"下方，得到"图层 2"图层。

06 使用"橡皮擦工具"擦除多余图像

复制"图层 1"图层，隐藏"图层 1"图层，选择"图层 1 拷贝"图层。选择"橡皮擦工具"，先在"画笔预设"选取器中选择"硬边圆"画笔，在远处连绵的山峰位置涂抹，擦除多余图像；再选择"柔边圆"画笔，降低"不透明度"和"流量"，并涂抹下方湖面上的云朵，呈现更自然的倒影效果。

07 调整图像的色彩和影调

创建"色相/饱和度 1"和"色阶 1"调整图层，调整照片的颜色和明暗对比，使灰暗的照片颜色变得鲜艳。

第3章
自由控制抠取图像

在 Photoshop 中，除了可以根据色彩抠取图像外，也可以使用路径绘制工具或绘画工具来抠出图像。其中，常用的工具有"钢笔工具""自由钢笔工具"、快速蒙版、抠图插件等，使用这类工具抠取图像时，需要熟练运用鼠标对图像进行细致的描绘，从而准确抠取需要的对象。本章将详细讲解常用自由绘制抠图工具的使用方法和具体应用。

3.1 创建精确的图像路径

在 Photoshop 中，"钢笔工具"是较难掌握的一种抠图工具，它主要通过绘制路径来选择并抠取图像。"钢笔工具"具有良好的可控性，能够绘制出平滑的曲线，并且可以随时对其进行修改。"钢笔工具"绘制的路径可以定义非常明确的边界线，基于这一特点，"钢笔工具"非常适合用于边缘光滑的图像的抠取，如家居用品、汽车、建筑物等。对于一些对象与背景之间没有明显色调差异的图像，使用"钢笔工具"也可能得到非常满意的抠取效果，如下面 4 幅图所示。

由于"钢笔工具"定义的边界太过明确，所以它不适合抠取边界模糊或透明的图像，如毛发、玻璃杯、婚纱、烟雾等，如下面两幅图所示。此外，"钢笔工具"也不适合抠取边界过于复杂的图像，如枝桠复杂的树木，如右图所示。

3.1.1 应用要点1：应用"钢笔工具"绘制路径

一条完整的路径是由一个或多个直线路径段或曲线路径段组合而成的。路径通过路径段之间的锚点连接。应用"钢笔工具"抠图，就是沿着对象的边缘绘制直线路径或曲线路径，如右图所示；然后将路径转换为选区，选择需要保留或删除的区域，得到需要的图像效果。

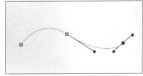

打开素材图像，单击工具箱中的"钢笔工具"按钮。将鼠标移至图像边缘，在该位置单击即可创建一个路径锚点，这个锚点就是路径的起点；将鼠标移至另一位置单击，将添加一个新的路径锚点，这两个路径锚点会通过一条直线连接，即绘制出一条直线路径，如左图所示。

绘制直线路径后，可根据需要绘制曲线路径。按住 Alt 键单击第二个路径锚点，将其转换为曲线点后，将鼠标移至另一位置，单击并拖曳鼠标，添加新的路径锚点，并在锚点之间用曲线连接，如下图所示。通过将曲线路径与直线路径相互结合，沿对象绘制出封闭的路径效果。

> **技巧** 锚点的转换
>
> 要在角点与曲线点之间转换时，可以选择"转换点工具"，再单击路径锚点进行转换；也可以按住 Alt 键不放，直接单击路径锚点。

3.1.2 应用要点2：转换路径与选区选取图像

应用"钢笔工具"沿对象绘制封闭的工作路径只是完成了抠图的第一步操作，要将路径中的图像抠出，还需将路径转换为选区。在 Photoshop 中，可以使用多种方法将绘制的路径转换为选区。如果需要对转换的选区进行羽化处理，可右击图像上的路径，在弹出的快捷菜单中执行"建立选区"命令，打开"建立选区"对话框；在对话框中设置"羽化半径"选项，就可以在转换为选区时对选区进行羽化，如右图所示。

如果不需要对选区进行羽化设置，则可以在"路径"面板中选中路径缩览图，再单击面板下方的"将路径作为选区载入"按钮，将路径转换为选区，如右图所示。转换为选区后，复制选区中的图像，就能抠出路径中的图像。

3.1.3 应用要点3：创建复合路径去除多余对象

使用"钢笔工具"绘制路径时，不但可以创建单一的工作路径，也可以创建复合路径，抠出更完整的图像。单击工具选项栏中的"路径操作"按钮，在展开的下拉列表中即可看到用于创建复合路径的命令，如右图所示。选择不同的命令可得到不同的路径组合效果。以 3.1.2 小节抠出的图像为例，可看到人物手臂处的背景并未去除，抠出的图像并不干净，此时可在展开的下拉列表中选择"排除重叠形状"命令，然后在手臂中间位置再次绘制封闭的工作路径，并将路径转换为选区，复制选区中的图像，此时可以看到抠出的图像中不再显示手臂中间位置的背景，如下图所示。

3.1.4 示例：使用"钢笔工具"抠取时尚运动鞋

效果图

原图

素　材：随书资源＼素材＼03＼01.jpg
源文件：随书资源＼源文件＼03＼使用"钢笔工具"
　　　　抠取时尚运动鞋.psd

01 打开图像并选择"钢笔工具"

打开素材文件 01.jpg，发现图像中白色的运动鞋与背景之间没有明显的色调差异，因此不适合应用第 2 章介绍的方法来抠图。这里选用"钢笔工具"抠取图像，在工具箱中选择"钢笔工具"。

02 单击创建路径起点

将鼠标移动到运动鞋与背景的边界位置，单击鼠标，在鼠标单击位置创建路径起点。

03 绘制曲线路径

移动鼠标到另一边界位置，单击并拖曳鼠标，添加锚点，并在两个锚点之间应用曲线段连接。为了让后面绘制的曲线沿鞋子边缘形状更统一，按住 Alt 键不放，单击第二个锚点。

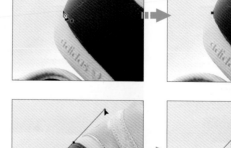

04 转换锚点后继续绘制

将曲线锚点转换为直角锚点，再移动鼠标到另一边界位置，单击并拖曳，继续创建曲线路径。

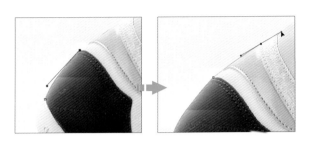

05 创建封闭的工作路径

使用同样的操作方法，继续沿运动鞋边缘绘制路径，当绘制的终点与起点重合时单击鼠标，即可得到封闭的路径。

06 从路径中减去新路径

绘制封闭路径后，在两只鞋子之间还有部分背景位于路径中。单击"钢笔工具"选项栏中的"路径操作"按钮，在展开的列表中选择"排除重叠形状"命令，在鞋子之间的背景位置再绘制封闭的工作路径。

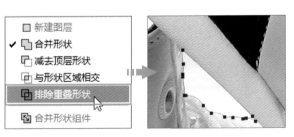

07 将路径转换为选区

打开"路径"面板,确认路径为选中状态，单击面板底部的"将路径作为选区载入"按钮，将路径转换为选区，选中运动鞋图像。

08 复制选区中的图像

按下快捷键 Ctrl+J，复制选区中的图像，得到"图层 1"图层，并隐藏"背景"图层，在图像窗口中查看抠出的运动鞋效果。

(技巧) 路径锚点的添加与删除

使用"钢笔工具"绘制工作路径后，单击工具箱中的"添加锚点工具"按钮，在路径上单击，可以在鼠标单击位置添加一个新的锚点；单击工具箱中的"删除锚点工具"按钮，在路径上已有的锚点位置单击，可以将鼠标单击位置的锚点从路径上删除，删除后的路径形状会随之发生变化。

虽然使用"钢笔工具"可以抠出外形复杂的对象，但是需要反复沿对象边缘绘制工作路径。为了帮助用户快速、轻松地抠出外形复杂的对象，Photoshop 提供了"自由钢笔工具"。启用"自由钢笔工具"下的"磁性钢笔工具"，可以轻松沿对象边缘绘制路径。"磁性钢笔工具"类似于"磁性套索工具"，所以它们对图像的要求也相似，适合抠取边界清晰的对象、与背景对比差异较大的对象，如下左图的两张照片所示；不适合抠取边缘太过复杂、边缘模糊不清、与背景对比差异较小、具有一定透明度等的对象，如下右图的两张照片所示。

3.2.1 应用要点1：应用"自由钢笔工具"绘制路径

"自由钢笔工具"与"磁性套索工具"相比，具有更强的可控性，它不仅能根据对象的轮廓创建选区、选择对象，而且可以在转换为选区前，使用路径编辑工具对路径进行调整，以便能更准确地选择需要的图像。单击工具箱中的"自由钢笔工具"按钮 ，然后将鼠标移至需要选择的对象位置，单击并拖曳鼠标，Photoshop 就会沿着鼠标拖曳的轨迹自动生成带锚点的工作路径。例如，下面 3 幅图像为使用"自由钢笔工具"绘制工作路径，绘制路径后将路径转换为选区，就能抠出图像。"自由钢笔工具"绘制路径的速度较快，可控性较差，适合绘制一些比较简单的路径或图形。

3.2.2 应用要点2：启用"磁性钢笔工具"快速选取对象

如果需要实现更细致的抠图，可以启用"磁性钢笔工具"，方法是选择"自由钢笔工具"后在选项栏中勾选"磁性的"复选框，如下左图所示。此时将鼠标移至图像上，在鼠标指针旁边会显示一个磁铁形状的图标，单击并沿对象边缘拖曳，即可沿对象边缘生成工作路径，如下中图所示。当拖曳的终点与起点重合时，单击鼠标即可形成封闭的工作路径，如下右图所示。

创建工作路径后，单击"路径"面板中的"将路径作为选区载入"按钮，或者按下快捷键Ctrl+Enter，将路径转换为选区。转换为选区后，复制选区中的图像，即可抠出路径内部的图像，如右图所示。

若要使抠出的图像更精确，可以对工具选项进行调整。单击"自由钢笔工具"选项栏中的"几何体选项"按钮，将展开下拉列表。其中，"曲线拟合"选项用于控制最终路径对鼠标或压感笔的灵敏度，设置的数值越大，锚点越少。除此之外，勾选"磁性的"复选框后，会激活"宽度""对比"和"频率"3个选项，这3个选项的使用方法与"磁性套索工具"选项栏中"宽度""对比度"和"频率"选项的使用方法相同。左图所示为设置不同参数时绘制的路径效果。

3.2.3 应用要点3：调整路径的形状，准确选择图像

　　沿对象边缘创建工作路径后，将图像放大，会发现路径的形状与要抠取的对象边缘并不能完美地重合，因此需要再使用路径编辑工具对路径的形状做进一步调整。单击工具箱中的"直接选择工具"按钮，将鼠标移动到路径上方，单击可选中路径上的锚点，这时可以对路径锚点的位置或路径曲线段的弯曲程度进行调整，如右图所示；也可应用"添加锚点工具"和"删除锚点工具"增加或删除锚点，直到路径的形状与要抠出对象的形状完全重合。

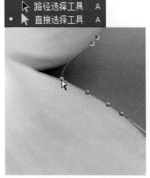
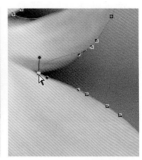

 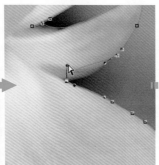 

　　调整路径形状后，再将绘制的路径转换为选区，并复制选区中的图像。此时可以看到抠出的图像边缘更加工整，同时边缘部分也没有多余的像素，如左图所示。

3.2.4 示例：使用"自由钢笔工具"抠出飞舞的蝴蝶

素　材：随书资源 \ 素材 \03\02.jpg
源文件：随书资源 \ 源文件 \03\ 使用"自由钢笔工具"抠出飞舞的蝴蝶 .psd

01 设置工具选项

打开素材文件 02.jpg，单击"自由钢笔工具"按钮 ✎，在工具选项栏中勾选"磁性的"复选框，然后单击"几何体选项"按钮，在展开的下拉列表中设置各项参数。

02 沿蝴蝶边缘创建路径轮廓

将鼠标放在蝴蝶图像边缘位置，单击鼠标设置起点，然后沿着蝴蝶图像边缘拖曳鼠标，当路径终点与起点重合时单击鼠标，即可创建封闭的路径轮廓。

03 调整路径的形状

按下快捷键 Ctrl++，放大图像，可以看到路径轮廓与蝴蝶的外形并没有完全重合。使用"直接选择工具"选择路径锚点，并结合更多路径编辑工具调整路径的形状，使其与蝴蝶形状一致。

04 转换为选区抠出图像

按下快捷键 Ctrl+Enter，将路径转换为选区，再按下快捷键 Ctrl+J，复制选区中的蝴蝶图像，并隐藏"背景"图层。此时可看到在蝴蝶两个翅膀的中间位置还有绿色的背景，选择"橡皮擦工具"将其擦除即可。

(技巧) **隐藏除"背景"图层外的所有图层**

如果图像中包含多个图层，按住 Alt 键不放，单击"背景"图层前的"指示图层可见性"图标，可以隐藏除"背景"图层外的所有图层。

通道是 Photoshop 的核心功能之一，也是常用的一种高级抠图技术。通道是编辑图像的基础，它具有很强的可编辑性，如选择指定颜色、自由创建区域以及使用工具箱中的各种工具编辑通道中的图像等，借助这些操作改变通道中的图像，可以实现更高级的图像抠取。通道适合一些较复杂的对象的抠取，如边界模糊的对象、具有一定透明度的对象及纤细的毛发等，如下左图的 3 幅图像所示。通过通道抠图，不仅能抠出较完整的对象，而且在抠取玻璃、水晶等具有透明度的物品时，还能表现其通透的质感。但是若需要抠取的对象边缘光滑、与背景颜色差异较小，就不适合使用通道来抠取。如下右图所示的这张照片，虽然猫咪与背景的颜色差异比较明显，但模糊的边缘使其不适合用通道抠取。

3.3.1 应用要点1：掌握通道原理，选择适合抠图的通道

在 Photoshop 中，通道分为颜色通道、Alpha 通道及专色通道等。其中，Alpha 通道是用来存储和编辑选区的通道。通道中的图像以黑、白、灰 3 种颜色显示，显示为白色的部分是被完全选中的区域；显示为灰色的部分是被部分选中的区域，即半透明区域；显示为黑色的部分是选区以外的区域，如右图所示。编辑图像时，如果需要扩大选择范围，可以用"画笔工具"等在通道中涂抹白色；如果要增加半透明区域，可以涂抹灰色；如果要收缩选区范围，则涂抹黑色。

3.3.2　应用要点2：复制颜色通道，为抠图作准备

　　利用通道抠取图像时，为了不影响原图像效果，可在"通道"面板中选择一个颜色对比反差较大的通道，并复制该通道。通道的复制方法与图层相同。打开图像后，在"通道"面板中选中需要复制的通道，然后将其拖曳到"创建新通道"按钮 🔲 上，释放鼠标即可复制该通道，如右图所示。

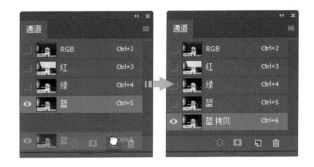

　　除了通过拖曳的方法复制通道外，也可以在选中通道后单击"通道"面板右上角的扩展按钮 ，在展开的面板菜单中执行"复制通道"命令，打开"复制通道"对话框；在对话框中可以使用默认的通道名称，也可以重新设置通道名称，如右图所示。设置后单击"确定"按钮，在"通道"面板中就会生成一个与之对应的通道。

3.3.3　应用要点3：编辑通道内的对象，加强对比

　　根据显示与隐藏通道图像的原理，在复制通道后，需要对复制的通道做进一步的编辑，通过调整某一通道中图像的对比度，增强对比效果，抠出更精细的图像。如下图所示，打开图像后，切换到"通道"面板，通过查看 3 个颜色通道中的图像，选择对比较强的"绿"通道。

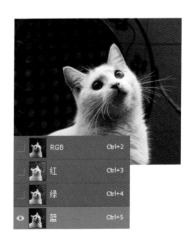

复制该通道后，执行"图像＞调整＞色阶"菜单命令，打开"色阶"对话框。这里需要增强对比效果，因此将黑色和灰色滑块向右拖曳，降低暗部和中间调，将白色滑块向左拖曳，提亮高光，设置后在图像窗口中可看到画面中黑色和白色的对比更为强烈，如右图所示。

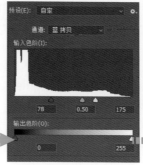

在复制的通道中，不但可以使用调整命令调整图像的明暗对比，加强反差效果，还可以使用"画笔工具"等工具编辑通道中的图像。如左图所示，这里需要选择完整的猫咪图像，因此设置前景色为白色，然后在黑色的小猫身体部分涂抹，将整个小猫图像涂抹为白色。

3.3.4　应用要点4：载入选区选中需要的图像

使用通道抠取图像，最重要的一步就是将通道中的图像载入到选区，选中需要保留的图像。如右图所示，在选中"通道"面板中的通道后，单击面板下方的"将通道作为选区载入"按钮，即可载入选区；也可以按住 Ctrl 键不放，单击通道缩览图，载入选区。

如右图所示，这里要将小猫图像载入到选区，选择通道，单击"通道"面板中的"将通道作为选区载入"按钮后，在图像窗口中显示了载入的选区效果；返回"图层"面板，按下快捷键 Ctrl+J，抠出选区中的图像，将图像放大显示时，可以看到猫咪纤细的毛发也被抠取出来了。

3.3.5 示例：抠取半透明的婚纱效果

素　材：随书资源 \ 素材 \03\03.jpg
源文件：随书资源 \ 源文件 \03\ 抠取半透明的婚纱
　　　　效果 .psd

01 使用"钢笔工具"沿人物创建选区

打开素材文件 03.jpg，单击"钢笔工具"
按钮 ⌀，沿照片中的人物边缘绘制封闭的工作路径。

02 将路径转换为选区

打开"路径"面板，选中绘制的工作路径，
单击"将路径作为选区载入"按钮 ▩，载入人物选区。

03 复制选区中的图像

切换到"图层"面板，按下快捷键 Ctrl+J，
复制选区中的图像，得到"图层 1"图层。复制图
层，得到"图层 1 拷贝"图层，并隐藏"背景"图层，
查看抠图效果。

04 设置反相效果

确保"图层 1 拷贝"图层为选中状态,执行"图像>调整>反相"菜单命令,反相图像。

05 复制"绿"通道

在"通道"面板中选中"绿"通道,将其拖曳到"创建新通道"按钮 上,释放鼠标,复制得到"绿 拷贝"通道。

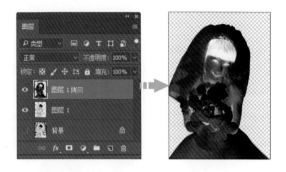

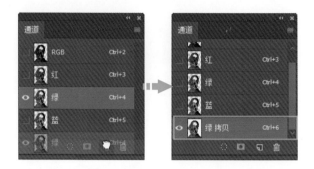

06 再次设置反相效果

执行"图像>调整>反相"菜单命令,再次反相图像,得到黑白照片效果。

07 设置"色阶"调整图像对比

执行"图像 > 调整 > 反相"菜单命令,反相图像。执行"图像 > 调整 > 色阶"菜单命令,在打开的"色阶"对话框中设置色阶值为 178、1.00、215,调整图像,增强对比效果。

技巧 **快速反相图像**

选中"通道"面板中的通道后,按下快捷键 Ctrl+I,可以对图像进行快速反相处理。

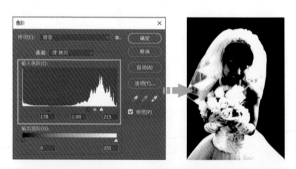

08 将通道作为选区载入

在"通道"面板中选中"绿 拷贝"通道,单击"将通道作为选区载入"按钮 ,将"绿 拷贝"通道中的图像作为选区载入到画面中。

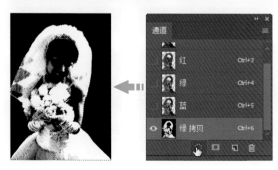

09 复制选区中的图像

单击 RGB 颜色通道，返回"图层"面板，隐藏"图层 1 拷贝"图层。选中"图层 1"图层，按下快捷键 Ctrl+J，复制选区内的图像，得到"图层 2"图层。

10 查看抠出的图像效果

为了查看抠出的半透明婚纱效果，单击"图层 1"图层前的"指示图层可见性"图标 👁，隐藏"图层 1"图层，显示"图层 2"图层中的图像。

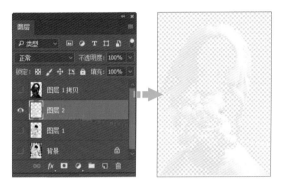

11 使用"套索工具"创建选区

单击"图层 1"图层前的"指示图层可见性"图标，重新显示图层。选择"套索工具"，在选项栏中设置"羽化"值为 8 像素，然后在头纱上方创建选区。

12 取消选区查看效果

按下键盘中的 Delete 键，删除选区中的图像，再按下快捷键 Ctrl+D，取消选区。此时在图像窗口中即可清晰地看到抠出的半透明效果的婚纱图像。

(技巧) **清除选区中的图像**

如果要清除选区中的图像，除了按 Delete 键外，也可以执行"编辑＞清除"菜单命令。

3.4　可视地调整抠取的对象

在前面的章节中介绍了如何使用工具在图像中创建选区来抠取需要的对象。为了创建更精准的选区、抠出更精细的图像，可以利用"选择并遮住"工作区对创建的选区做进一步调整，并通过实时的照片预览查看调整后的照片效果。"选择并遮住"工作区是专门用于编辑、修整选区的工具，不仅可以对选区进行羽化、扩展、收缩处理，还能有效识别透明区域、毛发等细微的对象。如下所示的几幅图像都可以在"选择并遮住"工作区中进行图像的抠取操作。

3.4.1　应用要点1：启用"选择并遮住"工作区查找选区边缘

利用"选择并遮住"工作区抠图时，需要先用"魔棒工具""快速选择工具""套索工具"等工具创建一个大致的选区，再启用"选择并遮住"工作区对选区进行细致处理，从而抠出需要的对象。

使用选区工具创建一个选区，单击工具选项栏中的"选择并遮住"按钮 选择并遮住... ，或者执行"选择＞选择并遮住"菜单命令，启用"选择并遮住"工作区，如下图所示。在工作区中，可以选用左侧工具栏中的工具编辑图像，并且可以结合右侧的属性设置控制选择效果。

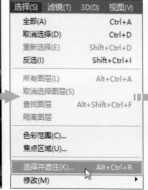

3.4.2 应用要点2：设置选项准确抠图

在"选择并遮住"工作区中，可以以各种不同的视图模式显示选区调整结果。对于不同的图像，可以选择以不同的方式来查看，使用户在处理的过程中更清晰地看到选区或对象边缘的细微变化。在"属性"面板中单击"视图"下拉按钮，在展开的下拉列表中可看到如右图所示的视图模式。"洋葱皮"模式将选区显示为动画样式的洋葱皮结构；"闪烁虚线"模式将选区边框显示为闪烁的虚线；"叠加"模式将选区显示为透明颜色蒙版叠加，未选中区域显示为蒙版颜色；"黑底"模式可在黑色背景上查看选区；"白底"模式则在白色背景上查看选区；"图层"模式可将选区周围变为透明区域。下图所示的几幅图像依次展示了选择不同模式时显示的对象效果。

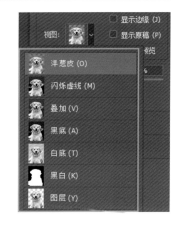

技巧 视图模式的切换与停用

选择一种视图模式后，按下键盘中的 F 键，可以循环切换视图效果；按下键盘中的 X 键，可以暂时停用所有视图。当选择"叠加""黑底"或"白底"视图模式时，可以拖曳下方的"不透明度"滑块，调整蒙版或背景颜色的不透明度。

选择视图模式后，可以在"边缘检测"选项组中检测选区边缘并对它做进一步调整，包括"半径"和"智能半径"两个选项。"半径"选项用于确定发生边缘调整的选区边框的大小，对锐边将使用较小的半径，对较柔和的边缘需要使用较大的半径；"智能半径"允许选区边缘出现宽度可变的调整区域，如果图像选区涉及人物头发或动物毛发等对象，处理后的效果将更加明显。

如右侧的两幅图像所示，为了方便查看边缘检测前后的对比效果，选择"黑底"视图模式，当未调整"半径"和"智能半径"选项时，选区的边缘部分较平滑、柔和，但是小狗纤细的毛发细节损失较大，显得不太自然；当勾选"智能半径"复选框，并向右拖曳"半径"滑块后，Photoshop 会自动检测图像边缘，恢复丢失的毛发细节，使选区图像显得更加自然。

"全局调整"选项组用于对选区进行平滑、羽化和扩展等处理。创建选区后，设置"平滑"选项可以减少选区边界中的不规则区域，得到更平滑的轮廓。对于边缘较柔和的对象，可以通过调整此选项使抠出的图像边缘柔和过渡。右图所示的两幅图像分别为设置不同的"平滑"值时显示的选区效果。

"羽化"选项用于对选区进行羽化，模糊选区与周围像素之间的过渡效果；"对比度"选项用于锐化图像边缘，当提高"对比度"时，沿选区边界的柔和边缘的过渡可能会变得不连贯；"移动边缘"用于收缩或扩展选区，设置为负值时向内移动边框收缩选区，如下左图所示，设置为正值时向外移动边框扩展选区，如下右图所示。通过调整"移动边缘"选项，有助于从选区边缘移去多余的背景颜色。

"输出设置"选项组用于指定调整后的选区的最终输出结果。勾选该选项组中的"净化颜色"复选框，可将彩色边缘替换为附近完全选中的像素的颜色。右图中的第一幅图像即为未勾选"净化颜色"复选框时抠出的图像效果，可以看到图像边缘处有一圈红边；勾选该复选框后，可得到如右图中的第二幅图像所示的图像效果，可以看到边缘的红边被去除了。

"输出到"下拉列表框用于决定调整后的选区是变为当前图层上的选区或蒙版，还是生成一个新图层或文档。单击其右侧的下拉按钮，即可展开"输出到"下拉列表。在该列表中选择不同选项，将得到不同的输出结果，用户可以根据需要来选择。左图所示为选择不同选项时输出的选区结果。

3.4.3 示例：抠出毛茸茸的小猫

素　　材：随书资源 \ 素材 \03\04.jpg

源文件：随书资源 \ 源文件 \03\ 抠出毛茸茸的小猫 .psd

01 应用"套索工具"创建基础选区

执行"文件>打开"菜单命令，打开素材文件 04.jpg。选择"套索工具"，在选项栏中设置"羽化"值为 4 像素，并沿着猫咪边缘单击并拖曳，创建一个大致的选区。

02 启用"选择并遮住"工作区

单击选项栏中的"选择并遮住"按钮，启用"选择并遮住"工作区，在工作区中将选区内和选区外的图像区分开来。

03 调整视图模式

为了方便查看调整效果，单击"视图"下拉按钮，在展开的下拉列表中选择"黑底"选项，并设置"不透明度"为 100%，以黑色背景查看图像。

04 设置并检测对象边缘

单击展开"边缘检测"选项组，在选项组中先勾选"智能半径"复选框，然后将"半径"滑块向右拖曳至最大值，显示纤细的毛发效果。

05 更改透明度

观察图像，发现猫咪的胡须部分未被选中，需要对其进行修改。单击"视图"下拉按钮，在展开的下拉列表中选择"洋葱皮"选项，显示半透明的效果。

06 使用"调整边缘画笔工具"涂抹

单击左上角的"调整边缘画笔工具"按钮，然后单击画笔右侧的下拉按钮，展开"画笔选项"列表，在其中调整画笔大小，然后在胡须位置涂抹，显示涂抹后的胡须。

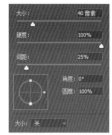

07 更改视图模式

涂抹图像后，单击"视图"下拉按钮，在展开的下拉列表中选择"黑底"选项，这样可以清楚地看到涂抹后的胡须细节。

08 继续编辑图像

继续使用"调整边缘画笔工具"在毛发边缘位置涂抹，涂抹后以"黑底"模式显示图像，查看更多的毛发细节。

09 更改"对比度"和"移动边缘"

在"属性"面板中展开"全局调整"选项组，在选项组中设置"对比度"为 5%，"移动边缘"为 -15%，收缩选区，去除多余的边界图像。

10 使用"白底"视图模式查看图像

单击"视图"下拉按钮，在展开的下拉列表中选择"白底"选项，可以看到在"白底"模式下毛发边缘有一圈非常明显的背景色。

11 设置输出结果

　　展开"输出设置"选项组，勾选"净化颜色"复选框，去除边缘的背景色，然后设置一种输出方式，单击"确定"按钮。

12 运用"画笔工具"编辑蒙版

　　将猫咪图像从原素材图像中抠出后，为了保证猫咪图像的完整性，选择"画笔工具"，单击"背景 拷贝"图层蒙版缩览图，设置前景色为白色，在半透明的额头和鼻子等位置涂抹，显示被隐藏的图像。

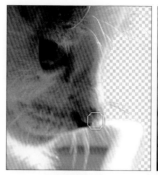

13 设置背景颜色

　　为了方便查看抠出的毛发效果，可以为图像添加颜色差异较大的背景色。单击工具箱中的"设置背景色"图标，打开"拾色器（背景色）"对话框。在对话框中设置背景色为蓝色，具体颜色值为R8、G174、B243，设置完成后单击"确定"按钮。

14 为图像填充纯色背景

　　单击"图层"面板底部的"创建新图层"按钮，新建"图层 1"图层，按下快捷键Ctrl+Delete，应用设置的蓝色填充背景，此时可以看到图像中显示的清晰的毛发效果。

(技巧) 通过蒙版启用"选择并遮住"工作区

　　在图像中添加图层蒙版后，打开"属性"面板，单击面板中的"选择并遮住"按钮，同样可以启用"选择并遮住"工作区。

3.5 混合颜色带实现高级抠图

混合颜色带是一种特殊的抠图工具，它可以快速地将对象从背景中分离出来。混合颜色带既可以隐藏当前图层中的图像，也可以让下方图层中的图像穿透当前图层并显示出来，或者同时隐藏当前图层和下方图层中的部分图像。混合颜色带只适合对象与背景之间色调差异较大，且背景简单、没有繁杂内容的图像抠取，如深色背景中的火焰、烟花、云彩及闪电等对象，如下左图的 3 幅图像所示。混合颜色带的可控性较弱，背景复杂、色彩差异较弱、颜色较浅的图像不适合使用混合颜色带抠图，如下右图的两幅图所示。

3.5.1 应用要点1："本图层"抠图隐藏当前图层的像素

混合颜色带是在"图层样式"对话框中设置的。打开图像后，双击图层缩览图或单击"图层"面板中的"添加图层样式"按钮 fx，在弹出的菜单中执行"混合选项"命令，打开"图层样式"对话框。在该对话框的下方显示了"混合颜色带"选项组，如右图所示。

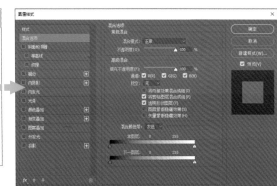

在"混合颜色带"选项组中，"本图层"和"下一图层"下方分别有一个对应的渐变条，分别代表了图像的色调范围，即从 0（黑）到 255（白）。默认情况下，黑色滑块位于渐变条的最左侧，白色滑块位于渐变条的最右侧，如下左图所示。拖曳黑色滑块可以定义亮度范围的最低值，即低于该参数值的像素会被隐藏起来；拖曳白色滑块可以定义亮度范围的最高值，即高于该参数值的像素会被隐藏起来。当拖曳任意一个滑块时，位于滑块上方的数值也会随之发生改变，如下右图所示。

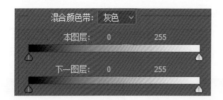

"本图层"是指当前正在处理的图层，拖曳"本图层"下方的滑块，可以隐藏当前图层中的像素。如果将"本图层"下方的黑色滑块向右拖曳，则会将当前图层中亮度低于该参数值的所有像素隐藏起来；如果将"本图层"下方的白色滑块向左拖曳，则会将当前图层中亮度高于该参数值的所有像素也隐藏起来。如下图所示，素材图像为夜空中的闪电，将"本图层"下的黑色滑块拖曳至 201 位置，此时亮度低于 201 的所有像素被隐藏，创建新图层并填充颜色后，可以清晰地看到抠出的闪电效果。

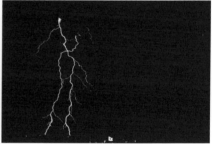

3.5.2　应用要点2："下一图层"抠图显示下层图层的像素

"下一图层"是指当前正在处理图层的下一图层，拖曳"下一图层"下方的滑块，可以使该图层中的像素穿透当前图层显示出来。拖曳"下一图层"下方的黑色滑块，该图层中低于相应参数值的像素会被隐藏起来；拖曳"下一图层"下方的白色滑块，该图层中高于相应亮度值的像素会穿透当前图层显示出来。如右图所示，将闪电复制到一张夜景照片中，双击闪电图层，打开"图层样式"对话框，按住Alt 键不放，拖曳"下一图层"下方的滑块，可以看到拼合后的效果。

3.5.3 示例：为夜晚的天空添加绚丽的烟花效果

效果图

原图

素　材：随书资源 \ 素材 \03\05.jpg ～ 07.jpg
源文件：随书资源 \ 源文件 \03\ 为夜晚的天空
　　　　添加绚丽的烟花效果 .psd

01 打开图像并转换图层

打开素材文件 05.jpg，照片中的烟花图像
与背景色彩对比突出，虽然形状复杂，但可以使用
混合颜色带快速将它从背景中抠取出来。双击"背景"
图层，打开"新建图层"对话框，在对话框中单击"确
定"按钮，将"背景"图层转换为"图层 0"图层。

02 执行"混合选项"命令

单击"图层"面板底部的"添加图层样
式"按钮 fx，在弹出的菜单中执行"混合选项"命令，
打开"图层样式"对话框。

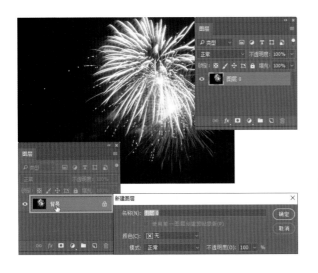

（技巧）**执行菜单命令打开"图层样式"对话框**

在 Photoshop 中执行"图层＞图层样式＞
混合选项"菜单命令，同样可以打开"图层样式"
对话框。

03 拖曳滑块抠取图像

在"图层样式"对话框中，按住 Alt 键不放，拖曳"本图层"下方的黑色滑块，分离滑块，然后将两个黑色滑块分别向右拖曳至 92 和 181 位置，分离图像并抠出烟花。

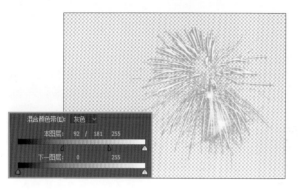

04 打开并复制图像

打开素材文件 06.jpg，选择"移动工具"，把烟花图像复制到已抠出的烟花图像上方，得到"图层 1"图层。

05 拖曳滑块抠取图像

双击"图层 1"图层缩览图，打开"图层样式"对话框。在对话框中按住 Alt 键不放，分别拖曳"本图层"和"下一图层"下方的黑色滑块，分离滑块，然后调整滑块位置，再抠出烟花图像。

06 为图像添加新背景

打开素材文件 07.jpg，将夜景照片拖曳至抠出的烟花图像下方，调整烟花图像的大小和位置。此时可以看到抠出的烟花与夜景自然地融合在一起了。

（技巧）分离混合颜色带滑块设置自然过渡效果

在"混合颜色带"选项组中，按住 Alt 键拖曳一个滑块，可以将其拆分为两个部分，此时分别调整分开后的两个滑块，可以在透明与非透明区域之间创建半透明的过渡效果。

3.6　应用快速蒙版抠出更完整对象

快速蒙版是一种特殊的蒙版，它可以将任何区域转换为选区，并且能将选区转换成一种临时的蒙版图像。快速蒙版具有较强的可控性，可以使用工具箱中的各种工具进行编辑，从而控制蒙版应用的范围，抠出需要的对象。使用快速蒙版可以对不同类型的照片进行抠取，它对图像边界的清晰度没有特殊要求，但需要对象边缘相对简单，以减少编辑的时间，如右侧图像所示。

如果要抠出的对象边缘较复杂，虽然也可以使用快速蒙版抠图，但是编辑的过程会非常烦琐，同时会耗费大量的时间，如精细的毛发、形状复杂的花卉、造型各异的城市建筑等，如左侧图像所示。

3.6.1　应用要点1：在快速蒙版中选取对象

要使用快速蒙版编辑选区，可以单击工具箱中的"以快速蒙版模式编辑"按钮▣，或按下键盘中的 Q 键，进入快速蒙版编辑状态。进入快速蒙版编辑状态后，工具箱中的前景色和背景色会自动变为黑色和白色，此时如果使用"画笔工具"在图像上涂抹，就会在涂抹位置覆盖一层半透明的红色，表示未选中的区域，其他未涂抹位置则保持不变，表示选中的区域。完成快速蒙版的编辑后，单击工具箱中的"以标准模式编辑"按钮▣，或按下键盘中的 Q 键，退出快速蒙版编辑状态，可以看到蒙版中红色的区域被创建为选区了，如下图所示。

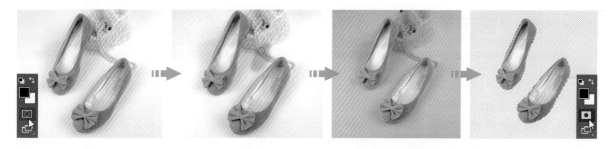

3.6.2 应用要点2：更改"快速蒙版选项"选取不同区域

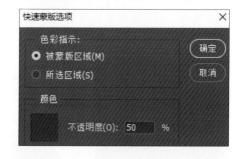

　　用快速蒙版选择图像时，可通过调整快速蒙版选项控制蒙版的显示效果。双击工具箱中的"以快速蒙版模式编辑"按钮，可打开如右图所示的"快速蒙版选项"对话框，在对话框中主要有"色彩指示"和"颜色"两个选项组。其中，"色彩指示"选项组主要用于设置使用快速蒙版时蒙版色彩的指示区域。默认情况下，选中"被蒙版区域"单选按钮，即蒙版中红色区域为未选中的区域，退出快速蒙版编辑状态时，此区域会在选区之外；单击选中"所选区域"单选按钮，使用工具编辑蒙版时，蒙版中红色区域为选中的区域，退出快速蒙版编辑状态时，这些区域将包含在选区中。下左图所示为应用"画笔工具"在快速蒙版中编辑后的图像，当分别选择"被蒙版区域"和"所选区域"时，退出快速蒙版编辑状态后，得到的选区效果分别如下中图和下右图所示。

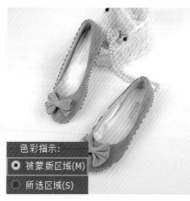
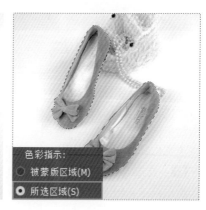

　　在"快速蒙版选项"对话框中还可以调整蒙版的颜色。默认情况下，蒙版显示为红色，单击对话框中的红色色块，将打开"拾色器（快速蒙版颜色）"对话框，在对话框中可以重新设置快速蒙版的颜色。当要编辑的对象中包含大量的红色时，如果蒙版也显示为红色，则不易区分已选择与未选择的区域，这时就需要通过"颜色"选项组更改蒙版的颜色及不透明度等。单击红色色块，在打开的"拾色器（快速蒙版颜色）"对话框中设置蒙版颜色为蓝色，设置后可以看到蒙版颜色变为了更突出的蓝色，如下图所示。

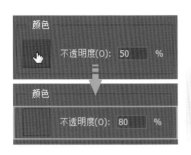

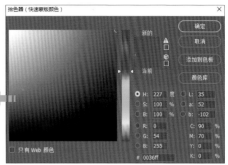

3.6.3 应用要点3：通过蒙版快速获得更准确的选区

　　应用快速蒙版选择图像时，可以在选区与蒙版之间自由切换，如果对创建的选区不满意，可以再使用工具编辑蒙版，以获得更准确的选区。在快速蒙版中用白色编辑的区域，可以完全选中图像；用黑色编辑的区域不能选中任何图像；用灰色编辑的区域可以得到羽化的选区，使图像呈现一定的半透明效果。根据这一原理，如果需要向已有选区添加新的选区，则可以再单击"以快速蒙版模式编辑"按钮，进入快速蒙版编辑状态，使用白色编辑要添加至选区的区域；如果需要从已有选区中减去部分区域，则可在快速蒙版编辑状态下，使用黑色编辑不需要选择的区域。

　　下图所示为应用快速蒙版选择的图像效果，这里要将选区中的人物手臂部分从选区中减去。单击"以快速蒙版模式编辑"按钮，切换到快速蒙版编辑状态，选择"画笔工具"，确认前景色为黑色，在人物的手臂位置涂抹。完成绘制后退出快速蒙版编辑状态，可以看到手臂部分被移到选区之外了。

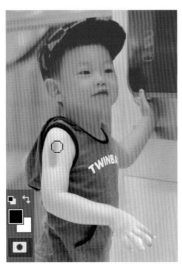

3.6.4 示例：抠取复杂背景中的甜美少女图像

效果图

原图

素　材：随书资源\素材\03\08.jpg
源文件：随书资源\源文件\03\抠取复杂背景中的甜美
　　　　少女图像.psd

01 切换到快速蒙版编辑状态

打开素材文件08.jpg，单击工具箱中的"以快速蒙版模式编辑"按钮，进入快速蒙版编辑状态。

02 选择"硬边圆"画笔涂抹

单击工具箱中的"画笔工具"按钮，由于人物下方的边界较清晰，因此单击选项栏中画笔旁边的下拉按钮，打开"画笔预设"选取器。选择"硬边圆"画笔，将鼠标移到人物右肩位置，单击并涂抹图像。

03 调整画笔绘制图像

使用画笔涂抹时，为了较精细地选择图像边缘，按下键盘中的[键，将画笔缩小，在边缘处涂抹。通过反复涂抹，最终勾画出较工整的对象边缘。

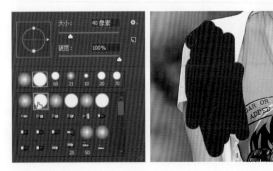

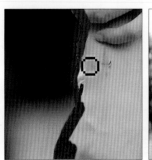

04 选择"柔边圆"画笔涂抹

观察图像，照片中人物的头部部分有自然的毛发，要抠出这部分图像，需要更改画笔笔触。在"画笔预设"选取器中选择"柔边圆"画笔，设置画笔"大小"为18像素，在头发边缘位置涂抹。

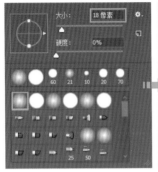

05 调整画笔绘制图像

为了避免涂抹到人物后面的背景，按下键盘中的 [键，将画笔缩小，在选项栏中显示画笔大小为 10。继续在头发边缘处反复涂抹，设置较柔和的边界。

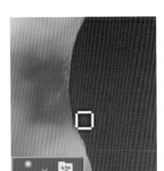

06 退出快速蒙版编辑状态

单击工具箱中的"以标准模式编辑"按钮，退出快速蒙版编辑状态，将背景部分添加到选区中。这里需要从背景中抠出人物部分，因此执行"选择>反选"菜单命令，反选选区，选择人物图像。

07 复制并粘贴选区中的图像

执行"编辑>拷贝"菜单命令，复制选区中的图像。单击"图层"面板中的"创建新图层"按钮，新建"图层 1"图层，执行"编辑>粘贴"菜单命令，将复制的图像粘贴到新图层中，抠出人物图像。

3.7　Vertus Fluid Mask抠图法

Vertus Fluid Mask 是一款非常强大的智能抠图插件，相对于其他抠图插件，其操作更简单、更智能化。Vertus Fluid Mask 采用了模拟人眼和人脑的方法，通过运用画笔涂抹来实现准确而快速的智能抠图。此插件能准确区分图像中的软边界和硬边界，并做相应的处理，从而使抠出的图像边缘与色彩过渡更平滑。与 Photoshop 自带的抠图工具相比，Vertus Fluid Mask 具有更强的针对性，主要用于动物毛发、人物飘逸发丝、毛绒制品等边界复杂的对象的抠取。由于此插件会根据图像明暗、色彩划分图像，因此它适合颜色反差较大的图像的抠取。下面 3 幅图即适合选用 Vertus Fluid Mask 进行图像的抠取。

3.7.1　应用要点1：用删除画笔指定去除的区域

安装好 Vertus Fluid Mask 后，在 Photoshop 中执行"滤镜＞ Vertus ＞ Fluid Mask 3"菜单命令，即可启动 Vertus Fluid Mask 插件，启动后的界面效果如右图所示。在打开的操作界面中，Vertus Fluid Mask 会按照图像的色彩和明暗自动进行分析，并把图像用蓝色线条划分为若干区域。抠取图像时，用户可以根据需要单击，对每个区域进行删除或保留，从而获得准确的抠图效果。

Vertus Fluid Mask 把图像分为保留遮罩、去除遮罩和混合遮罩 3 种。使用删除画笔涂抹出的红色区域为去除遮罩，位于遮罩下的图像是需要删除的区域。在 Vertus Fluid Mask 中，删除画笔有 3 个，分别是"删除精确画笔"　、"删除局部画笔"　和"删除全局画笔"　。使用"删除精确画笔"绘制时，只选择与画笔直接接触的区域；使用"删除局部画笔"绘制时，除了选择画笔直接接触的区域外，也会选中部分与画笔接触区域相似的颜色，选择范围的大小由"强度"决定，"强度"越大，选择的范围越广；使用"删除全局画笔"绘制时，任何与画笔接触区域相似的颜色都将被选中。使用删除画笔抠图时，先根据图像的明暗和色彩，选择一种适合当前图像的删除画笔，然后在需要删除的图像位置涂抹，就能将涂抹区域或与之相似的颜色设置为要删除的区域。

打开素材图像，单击工具箱中的"删除局部画笔"按钮 。这里要删除飞鸟后方的背景，只需在背景位置轻轻画上一笔，释放鼠标后，软件会自动将背景全部填充为红色，表示它是要删除的部分，如下图所示。

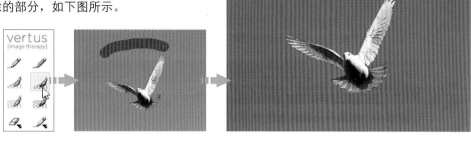

指定需要删除的区域后，要将区域外的图像抠取出来，需要单击工具箱中的"创建抠图"按钮 ，或者按下快捷键 Ctrl+U。抠出图像后，将会从"工作区"切换到"抠图后"工作区，在该工作区下会用背景颜色填充删除的部分，默认显示为蓝色，如下左图所示。用户可以单击工具箱中的"选择背景颜色"按钮，打开颜色对话框，根据需要重新设置背景颜色；也可以单击切换背景颜色按钮，切换为以透明方式显示背景，如下右图所示。

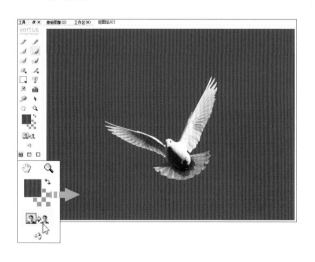 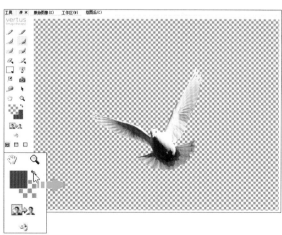

3.7.2　应用要点2：用保留画笔指定保留的区域

在 Vertus Fluid Mask 中，保留遮罩是指使用保留画笔涂抹出的绿色区域，该区域表示要保留的部分。保留画笔同样有 3 种，分别是"保留精确画笔""保留局部画笔"和"保留全局画笔"。保留画笔的使用方法与删除画笔类似，不同的是，使用保留画笔涂抹过的区域与删除画笔相反，表示的是要保留下来的区域。

打开素材图像，单击工具箱中的"保留局部画笔"按钮，在需要保留的秃鹫图像上涂抹，将整个秃鹫图像涂抹为绿色，即为需要保留的区域，如右图所示。

> **（技巧）调整删除与保留的区域**
>
> 　　抠出图像后，如果对抠图结果不满意，可以单击图像窗口上方的"工作区"标签，切换到工作视图方式下，再使用删除画笔、保留画笔调整需要删除和保留的区域。

3.7.3　应用要点3：用局部混合笔刷设置透明效果

混合遮罩区域是指位于想要保留的区域与希望删除的区域之间的区域，即需要表现为半透明效果的区域。在 Vertus Fluid Mask 中，使用"混合精确画笔"在图像上涂抹后，得到的蓝色区域即为混合遮罩区域。

如右图所示，在这幅图像中需要抠取半透明过渡效果的秃鹫毛发部分，单击工具箱中的"混合精确画笔"按钮，将鼠标移到秃鹫与背景相交的边缘位置，沿着对象边缘涂抹，被涂抹区域将显示为蓝色透明效果。

创建混合遮罩区域后，单击工具箱中的"创建抠图"按钮，同样可以将图像抠取出来，如右图所示。抠出图像后，按下快捷键 Ctrl++，放大显示，可以看到秃鹫边缘清晰的毛发效果。

(技巧) 修补遗漏的区域

运用"混合精确画笔"绘画后，将图像放大显示，如果有遗漏的地方，可以使用工具箱中的"清除工具"在图像上单击，清除遗漏的地方。

3.7.4　应用要点4：存储抠图结果

使用 Vertus Fluid Mask 抠图后，虽然在"抠图后"工作区可以查看抠取后的图像效果，但如果没有将它存储下来，那么关闭程序后，抠出的图像会被删除。所以完成抠图操作后，还需要保存抠取结果。

执行"文件>保存并应用"菜单命令，即可存储抠取的图像，如下图所示。存储图像后将返回 Photoshop 窗口，此时会自动创建新图层，用于存储抠出的图像，如右图所示。

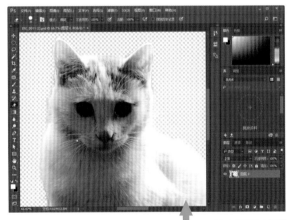

(技巧) 设置图像划分精细程度

使用 Vertus Fluid Mask 抠图时，可以调整图像预览窗口右侧的"边数"选项，控制图像划分的区域，设置的数值越大，划分越精细。但是抠图时，并不是其值越大越好，而是要根据图像的颜色和纹理情况设置一个合适的数值。

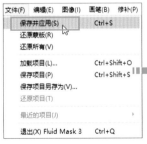

3.7.5　示例：抠出飘逸的发丝效果

效果图

原图

素　材：随书资源 \ 素材 \03\09.jpg
源文件：随书资源 \ 源文件 \03\ 抠出飘逸的发
丝效果 .psd

01 执行滤镜菜单命令

打开素材文件 09.jpg，按下快捷键
Ctrl+J，复制图像，然后执行"滤镜 > Vertus >
Fluid Mask 3"菜单命令，运行 Vertus Fluid Mask 3
插件。

02 应用"保留局部画笔"

这里要抠取的重点是头发，为了防止头发
被无意间去掉，在抠取头发前，先单击"保留局部
画笔"按钮 🖊，运用该画笔大致绘制出需要保留的
区域。

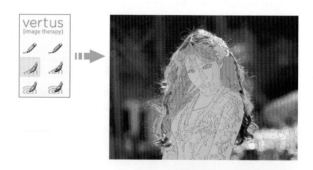

03 应用"保留精确画笔"

单击工具箱中的"保留精确画笔"按钮 🖊，
将鼠标移至图像边缘位置，在上一步没有画到的边
缘部分小心地涂抹，画出需要精确保留的区域。

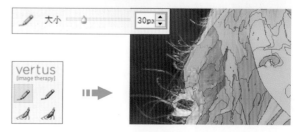

04 继续调整对象边缘

同 Photoshop 中一样，绘制时可以按下键盘中的 [或] 键，缩放画笔大小，在人物发丝边缘位置反复涂抹，将其绘制为绿色效果。

（技巧）强制查找图像边缘

运用 Vertus Fluid Mask 抠图时，如果要抠取的图像边缘颜色与背景颜色相似，可以单击工具箱中的"强制边缘工具"按钮，然后运用此工具沿对象边缘绘制折线，以便能够准确区分边界部分。

05 使用"混合精确画笔"涂抹图像

绘制出保留区域后，需要设置半透明的头发边缘。单击"混合精确画笔"按钮 ，在选项栏中将画笔"大小"设置为 60px，在头发边缘处绘制，将其涂抹为蓝色。

06 设置要去除的区域

确定好透明发丝部分后，单击"删除局部画笔"按钮 ，在人物后面的位置涂抹，将背景涂抹为红色，表示需要去除的区域。

07 存储抠图结果

单击工具箱中的"创建抠图"按钮 ，抠出图像。切换到"抠图后"工作区，查看抠出的图像效果。最后执行"文件>保存并应用"菜单命令，存储图像。

3.8 获得更柔和的抠图效果

要让抠出的图像更加自然，需要在抠取图像的时候对创建的选区进行适当的羽化设置。通过羽化选区的方式，可以让抠出的图像边缘更加柔和，产生自然淡出的效果，获得更为自然的合成效果。如果处理时未对选区进行羽化，则会导致抠出的对象边缘显得太过生硬。羽化设置适合大多数数码照片抠图时使用，尤其是对于边界轻微模糊的图像，通过羽化能够将模糊的对象边缘完整地保留下来。如右图所示，通过对选区进行羽化，抠出的图像有更加自然、柔和的边缘效果。

3.8.1 应用要点1：使用工具选项栏设置羽化效果

选择工具箱中的任意选区工具创建选区前，都可以利用工具选项栏中的"羽化"选项为选区提前设置羽化效果。下图所示分别为选择"矩形选框工具"和"套索工具"时，其工具选项栏中显示的"羽化"选项。在选项栏中设置"羽化"值后，该参数值会被保留下来，如果需要更改或取消羽化效果，可以在选项栏中重新设置参数或将其更改为0。

在选项栏中设置"羽化"值后，在图像中创建的选区的边缘变化并不是很明显，而将选区中的图像抠出后，则可以看到明显的边缘变化。设置的"羽化"值越大，羽化范围就越广，得到的选区边缘就越柔和。右图所示分别为将"羽化"值设置为5像素和65像素时，在图像中创建选区并抠出的图像效果。

3.8.2 应用要点2：应用"羽化"命令羽化选区

要对选区进行羽化设置，除了可以在创建选区前利用工具选项栏中的"羽化"选项来实现外，也可以使用"羽化"命令实现。如下左图所示，在图像中创建选区；执行"选择>修改>羽化"菜单命令，打开"羽化选区"对话框，在对话框中输入"羽化半径"值，定义羽化范围，如下中图所示；当设置的"羽化半径"值较大时，可以看到选区的形状会发生明显的变化，如下右图所示。

3.8.3 应用要点3：在"选择并遮住"工作区中设置羽化

虽然使用选项栏中的"羽化"选项和"羽化"命令都可以对选区做适当的羽化处理，但是使用时都无法通过选区准确判断画面中哪些区域是会被羽化的区域、哪些区域是不会被羽化的区域。为了弥补这一缺陷，Photoshop提供了"选择并遮住"工作区。在"选择并遮住"工作区中，应用"羽化"设置不但可以自由设置羽化的范围，并且可以即时查看应用羽化和不应用羽化的区域。

使用选区工具在图像中创建选区后，单击选项栏中的"选择并遮住"按钮，打开"选择并遮住"工作区，在工作区的"全局调整"选项组中即可看到"羽化"选项。未设置"羽化"选项时，选区的边缘生硬，抠出的图像较工整。向右拖曳"羽化"滑块，为图像设置羽化效果，可以在左侧的预览区看到抠出的图像边缘更柔和，如右图所示。

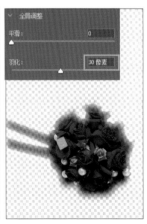

3.8.4　示例：通过羽化让抠出的图像边缘更自然

素　材：随书资源 \ 素材 \03\10.jpg
源文件：随书资源 \ 源文件 \03\ 通过羽化让抠出的图像
　　　　边缘更自然 .psd

01　打开素材图像

打开素材文件 10.jpg，可以看到照片中瓶子的边界比较柔和。这样的物品就需要通过羽化选区的方式抠取。

02　沿图像创建工作路径

单击工具箱中的"钢笔工具"按钮，在瓶子上方单击，添加路径锚点，然后在另一边界位置单击并拖曳鼠标，创建曲线路径。应用相同的方法，沿瓶子的边缘绘制工作路径。

03　切换到"选择并遮住"工作区

绘制封闭路径后按下快捷键 Ctrl+Enter，将路径转换为选区。执行"选择＞选择并遮住"菜单命令，切换到"选择并遮住"工作区。

04 调整背景透明度

在"视图模式"下看到"透明度"值为20%，此时会显示半透明的背景图像。为了方便查看抠取后的图像效果，单击并向右拖曳"透明度"滑块，设置参数值为100%，将选区外的图像设置为完全透明状态。

05 设置选区获得柔和边缘

展开"全局调整"选项组，先将"平滑"滑块向右拖曳至最大值100，使图像边缘更平滑。由于瓶子的边缘还有部分与背景颜色较接近，为了让选择的图像边缘更柔和，再将"羽化"值向右拖曳至5像素的位置，羽化选区，并设置"移动边缘"为100%，扩展边缘。

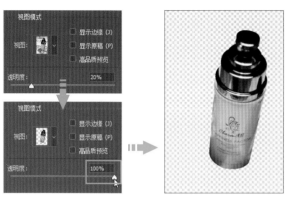

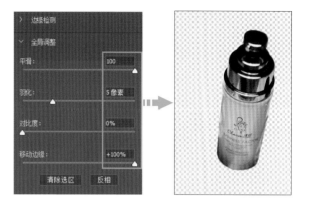

06 指定输出方式输出图像

展开"输出设置"选项组。在选项组中单击"输出到"右侧的下拉按钮，在展开的下拉列表中选择"新建图层"选项，单击"确定"按钮，将调整后的选区以新图层的方式输出，在"图层"面板中得到"背景 拷贝"图层，在该图层中显示了抠出的瓶子图像。此时在图像窗口中可以看到抠出的图像保留了较柔和的边缘。

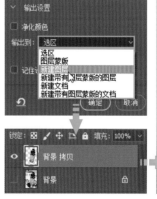

（技巧）清除选区与反选选区

在"选择并遮住"工作区中，单击"全局调整"选项组下方的"清除选区"按钮，将清除创建的选区，显示完全透明的图像；单击"反相"按钮，将反选选区，即原来选中的区域变为未选中区域，原来未选中的区域变为选中区域。

第4章
应用蒙版合成图像

蒙版是 Photoshop 的核心功能之一。使用蒙版编辑图层时，可以在不更改原图像的基础上，隐藏不需要显示的图像，只显示需要显示的部分图像。在 Photoshop 中，经常使用图层蒙版、矢量蒙版、剪贴蒙版来合成不同意境的图像效果。本章将对这几种类型的蒙版进行全面讲解。

4.1 自由的图像合成

在 Photoshop 中使用图层蒙版可以有效地保护、隔离或调整图像中的特定区域，通过创建和编辑图层蒙版，在各种图像之间进行随意的拼合，可创建更生动、更有趣的图像。图层蒙版是一个 256 级色阶的灰度图像，将它蒙在图层上，可起到遮盖图层的作用。在图层蒙版中，纯白色所对应的区域为可见区域，纯黑色所对应的区域为不可见区域，灰色所对应区域的图像则会具有一定的透明效果。下左图所示为"图层"面板中图层蒙版的显示效果，下中图所示为以黑白方式显示的图层蒙版效果，下右图所示则为应用图层蒙版得到的图像效果。

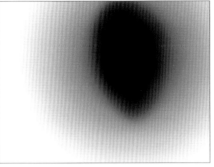

4.1.1　应用要点1：通过多种方式创建图层蒙版

使用图层蒙版进行照片合成之前，首先需要掌握如何创建图层蒙版。在 Photoshop 中，创建图层蒙版有多种方法，在"图层"面板中选中要添加图层蒙版的图层后，可以通过单击"图层"面板中的"添加图层蒙版"按钮进行创建，也可以执行"图层＞图层蒙版"菜单命令进行创建。在具体的应用中，用户可以根据个人喜好选择适合自己的方法来创建图层蒙版。

创建图层蒙版最便捷的方法是单击"图层"面板中的"添加图层蒙版"按钮 。如右图所示，在"图层"面板中选中需要添加图层蒙版的图层，单击"图层"面板底部的"添加图层蒙版"按钮，单击后即为当前选中的图层添加了图层蒙版。此时蒙版显示为白色，表明显示当前图层中的所有图像。

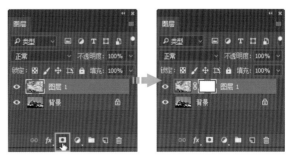

在"图层"面板中选中需要创建图层蒙版的图层后，执行"图层>图层蒙版"菜单命令，如左图所示。在弹出的级联菜单中执行"显示全部"或"隐藏全部"菜单命令，即可为选中的图层添加图层蒙版，并显示或隐藏图层中的图像，如下中图和下右图所示。如果图层中包含透明区域，可以执行"从透明区域"菜单命令，根据图层的透明程度创建相应的图层蒙版。

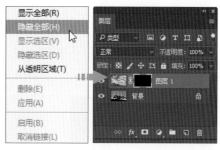

4.1.2 应用要点2：编辑图层蒙版，隐藏对象

创建图层蒙版后，还需要使用工具箱中的工具来编辑创建的图层蒙版。图层蒙版可以使用所有的绘画工具进行编辑，其中最常用的是"画笔工具"和"渐变工具"。使用"画笔工具"编辑图层蒙版时，如果需要隐藏图像的某些区域，可以用画笔将蒙版涂成黑色；如果需要显示隐藏的区域，可以用画笔将蒙版涂成白色；如果需要使图像呈现出一定的透明效果，可以用画笔将蒙版涂成灰色。右图所示为将两张风景照片添加到同一个文件中，并添加图层蒙版后的最初效果。

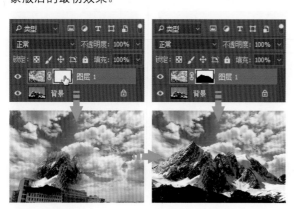

这里需要将下一图层中的雪山部分显示出来。单击图层蒙版缩览图，可以看到未编辑的图层蒙版显示为白色，即完全遮盖下一图层中的图像。选择"画笔工具"，设置前景色为黑色，运用画笔在需要显示的雪山位置涂抹，被涂抹区域的蒙版显示为黑色，同时在图像窗口中可以看到下一图层中的雪山图像显示出来了，如左图所示。

在图层蒙版中，如果要使合成的图像间形成比较自然的过渡效果，可以使用"渐变工具"编辑图层蒙版。使用"渐变工具"编辑图层蒙版时，可以在选项栏中选择合适的渐变方式控制图层中图像的显示或隐藏效果。单击"图层1"图层蒙版缩览图后，选择"渐变工具"，在选项栏中选择"黑、白渐变"，从图像下方往上拖曳，如右图所示。释放鼠标后，可以看到图层蒙版显示为黑、灰、白的渐变效果，图层中的云朵呈现出自然的渐隐效果，如下图所示。

(技巧) 删除不合适的图层蒙版

在"图层"面板中单击图层蒙版缩览图，将其拖曳至"删除图层"按钮 🗑 上，即可删除图层蒙版。如果直接选择图层，将其拖曳至"删除图层"按钮 🗑 上，则会将图层与图层蒙版一同删除。

4.1.3　应用要点3：调整蒙版属性，修饰图像边缘

为图层添加图层蒙版后，可以应用"属性"面板中的蒙版选项调整蒙版的浓度、羽化程度，还可以使用"调整"选项组中的工具按钮对蒙版做进一步调整。

在如右图所示的"属性"面板中，"浓度"选项用于控制蒙版的灰度级别，"浓度"值越小，蒙版越透明，当"浓度"为0%时，将以完全透明的方式显示；"羽化"选项用于控制蒙版边缘的羽化程度，"羽化"值越大，显示出的蒙版边缘就越柔和，反之，值越小，蒙版边缘就越清晰。

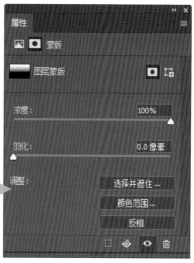

(技巧) 打开"属性"面板

在 Photoshop 中，要打开"属性"面板下的蒙版选项，除了双击图层蒙版缩览图外，也可以执行"窗口＞属性"菜单命令，打开"属性"面板。

"属性"面板的"调整"选项组中包含"选择并遮住"按钮，单击该按钮，可以打开"选择并遮住"工作区，在工作区中可以对蒙版边缘进行更深入的调整。在右图所示的合成图像中，可以看到在小狗毛发的边缘位置有较明显的黑色，为了让合成的图像更自然，可应用"选择并遮住"工作区调整图像。

单击"调整"选项组下的"选择并遮住"按钮，打开"选择并遮住"工作区。在工作区中展开"边缘检测"选项组，在选项组中设置各选项，检测较纤细的毛发部分，再展开"全局调整"选项组；这里需要去除多余的黑边，因此将"移动边缘"滑块向左拖曳，直到黑边被隐藏，再适当调整"羽化"值，合成更柔和的画面，如左图所示。

在"属性"面板中，不但可以打开"选择并遮住"工作区，调整蒙版边缘效果，还可以通过单击"颜色范围"按钮，控制蒙版的显示范围。单击"属性"面板中的"颜色范围"按钮，打开"色彩范围"对话框。此对话框中的设置与前面章节中的"色彩范围"对话框相同，不同的是，这里主要是针对蒙版的"色彩范围"进行调整，设置的参数会通过蒙版的方式应用到图像中。如下图所示，这里需要将花朵后面的蓝色背景隐藏，因此运用"添加到取样"工具在背景位置连续单击，单击后即可隐藏背景部分，合成新的图像效果。

4.1.4 示例：创意合成与海鸥嬉戏的少女

素　材：随书资源 \ 素材 \04\01.jpg ～ 08.jpg
源文件：随书资源 \ 源文件 \04\ 创意合成与海鸥嬉戏
　　　　的少女 .psd

01 创建新文件

执行"文件＞新建"菜单命令，打开"新建文档"对话框。在对话框中设置选项，单击"创建"按钮，新建一个空白文档。

02 复制并旋转图像

打开素材文件 01.jpg，将打开的图像复制到新建文件中，得到"图层 1"图层。按下快捷键 Ctrl+T，缩放并旋转图像。

03 单击按钮添加图层蒙版

选中"图层 1"图层，单击"图层"面板底部的"添加图层蒙版"按钮，为"图层 1"图层添加图层蒙版。

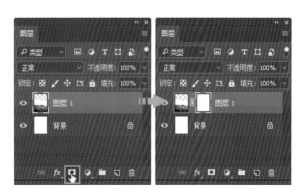

04 使用"渐变工具"编辑图层蒙版

为了让图像与后面添加的新图层形成自然的渐变融合效果，单击工具箱中的"渐变工具"按钮，在选项栏中选择"黑，白渐变"，单击"线性渐变"按钮，从中间的白色区域向下拖曳，创建黑白渐变效果。

05 复制图像并添加图层蒙版

打开素材文件 02.jpg，选择"移动工具"，将打开的图像拖曳至新建文件中，得到"图层2"图层。调整图像的大小和位置，单击"添加图层蒙版"按钮，为图层添加图层蒙版。

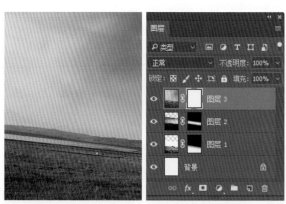

06 使用"渐变工具"编辑图层蒙版

选择工具箱中的"渐变工具"，在选项栏中选择"黑，白渐变"，由于这里只需保留天空与下方地面的相交区域，因此单击"对称渐变"按钮，勾选"反向"复选框，然后从中间位置向下拖曳，创建对称渐变效果。

07 复制图像并添加图层蒙版

打开素材文件 03.jpg，选择"移动工具"，将打开的图像拖曳至新建文件中，得到"图层3"图层。调整图像的大小和位置，单击"添加图层蒙版"按钮，为图层添加图层蒙版。

08 再次使用"渐变工具"调整蒙版

选择工具箱中的"渐变工具",在选项栏中选择"黑,白渐变",这幅图像中需要保留天空部分,所以单击"线性渐变"按钮▣,确认"反向"复选框为勾选状态,从图像的中间位置向下拖曳,创建线性渐变效果。

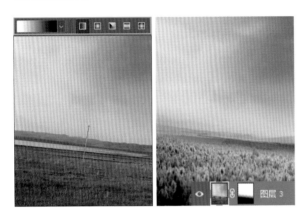

09 使用"画笔工具"编辑图层蒙版

设置后发现两幅图像之间相交的位置衔接不自然,有重影,因此选择"画笔工具",设置前景色为黑色、画笔"不透明度"为50%、"流量"为43%,将两幅图像之间的位置涂抹为黑色,隐藏图像。

10 羽化选区

使用同样的方法将素材文件 04.jpg 复制到新建文件中,并应用图层蒙版合成图像。选择"多边形套索工具",创建多边形选区。执行"选择>修改>羽化"菜单命令,打开"羽化选区"对话框,设置"羽化半径"为 200 像素,创建更柔和的选区效果。

11 设置"曲线"提亮选区中的图像

单击"调整"面板中的"曲线"按钮▣,新建"曲线 1"调整图层,打开"属性"面板。这里需要将选区中的图像提亮,因此在曲线上单击添加曲线控制点,然后向上拖曳所有的曲线控制点,在图像窗口中可看到更明亮的图像效果。

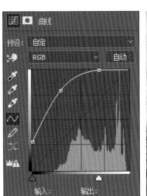 

12 使用"套索工具"选择图像

按下快捷键 Shift+Ctrl+Alt+E，盖印调整后的所有图层，然后打开素材文件 05.jpg，选择"套索工具"，在其中一只海鸥的上方单击并拖曳鼠标，创建选区。选择"移动工具"，把选区中的图像复制到新建文件中，得到"图层 6"图层。

13 根据"色彩范围"调整蒙版

单击"图层"面板中的"添加图层蒙版"按钮 ，单击创建的图层蒙版缩览图，打开"属性"面板。单击面板下方的"颜色范围"按钮，打开"色彩范围"对话框。这里需要隐藏蓝色的天空背景，因此选用"添加到取样"工具单击蓝色的天空部分，再勾选"反相"复选框。

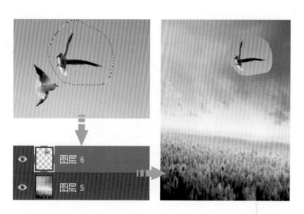

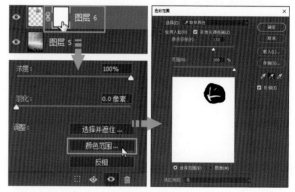

14 运用"画笔工具"编辑图层蒙版

设置后单击"确定"按钮，返回图像窗口，可以看到海鸥后面蓝色的天空背景已被隐藏。为了让图像的融合更自然，单击"图层6"图层蒙版缩览图，选择"画笔工具"，设置前景色为黑色，在海鸥的旁边位置涂抹，得到更干净的画面效果。

15 复制并添加更多的图像

使用同样的方法，将更多的素材图像复制到新建文件中，结合图层蒙版和工具箱中的工具编辑图像，合成全新的画面效果。为了让合成的图像色彩更统一，可在图层上方创建多个调整图层，通过设置合适的选项，调整图像颜色。

16 应用滤镜添加光晕

按下快捷键 Shift+Ctrl+Alt+E，盖印图层。执行"滤镜＞渲染＞镜头光晕"菜单命令，打开"镜头光晕"对话框。在对话框中设置选项，为图像添加光晕效果。为了让添加的光晕更柔和，为图层添加图层蒙版，使用黑色画笔在较亮的光源位置涂抹，削弱光晕强度。

17 修饰图像影调

按住 Ctrl 键不放，单击人物所在图层的蒙版缩览图，载入选区。新建"色彩平衡 2"和"曲线 3"调整图层，调整人物的色彩和明暗。

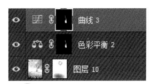

技巧 调整光晕的位置

在"镜头光晕"对话框中，将鼠标移到对话框中的预览图上，单击并拖曳可以自由更改光晕的位置。

4.2 利用图形控制图像的显示范围

矢量蒙版是从"钢笔工具"绘制的路径或"形状工具"绘制的矢量形状中生成的蒙版，它与图像的分辨率无关，当任意缩放、旋转和变换路径形状时，蒙版中的图像都不会产生锯齿。将矢量蒙版应用于照片后期处理，可以有效避免因编辑失误导致的图像失真。下图和右图所示的两幅图像即是运用矢量蒙版合成的，可以看到，当创建不同的路径对象时，在蒙版中显示的图像外形也有较明显的区别。

4.2.1　应用要点1：创建矢量蒙版拼合图像

　　使用矢量蒙版编辑图像前，首先需要学会如何创建矢量蒙版。可以通过执行"图层＞矢量蒙版"菜单命令，或按住 Ctrl 键单击"图层"面板中的"添加图层蒙版"按钮来创建矢量蒙版。如下图所示，选择两张需要拼合的素材照片并添加到同一个文件中，在"图层"面板中选中需要添加矢量蒙版的图层，执行"图层＞矢量蒙版＞显示全部"菜单命令，即可为选中的"图层 1"图层添加矢量蒙版。这时在"图层"面板中可以看到矢量蒙版缩览图与添加图层蒙版时的缩览图相同。

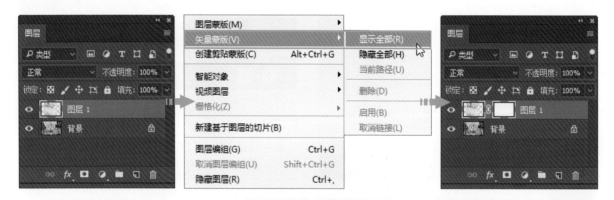

　　在"图层"面板中单击矢量蒙版缩览图，选择工具箱中的图形绘制工具，在选项栏中将绘制模式设置为"路径"，然后在图像中需要绘制图形的位置单击并拖曳鼠标，释放鼠标后，完成矢量蒙版的创建，如右图所示。此时在图像窗口中会看到位于封闭路径外的图像被隐藏了。

4.2.2　应用要点2：调整形状改变蒙版显示范围

　　由于矢量蒙版是通过矢量图形的外形轮廓来控制对象的显示，因此对于合成的图像，可以再使用变形工具或路径编辑工具对矢量图形的形状进行更深入的调整，如缩放和旋转图形，在路径上添加或删除锚点、转换锚点等。通过调整路径及路径上的锚点，可以在不影响原始图像效果的基础上，得到更有创意的画面效果。

如右图所示，使用"路径选择工具"选中图像上的路径形状，按下快捷键 Ctrl+T，打开自由变换编辑框，然后对路径形状进行缩放和旋转。在旋转和缩放路径后，可以看到路径中间的小朋友图像没有任何变化。

选择工具箱中的"直接选择工具"，在路径上单击，选择路径，单击并拖曳路径控制曲线，可以更改路径的外形轮廓，如下左图所示；选择"转换点工具"，单击路径上的锚点，转换鼠标单击位置的锚点，变换路径形状，路径内的图像显示区域也会根据路径的外形轮廓相应调整，如下右图所示。

4.2.3　示例：合成天猫宝贝大屏分类导航图

素　材：随书资源 \ 素材 \04\09.jpg ～ 13.jpg
源文件：随书资源 \ 源文件 \04\ 合成天猫宝贝大屏分类导航图 .psd

01 创建新文件

　　执行"文件>新建"菜单命令,新建一个空白文件。选择工具箱中的"圆角矩形工具",在选项栏中设置绘制模式为"形状",设置"填充"和"描边"选项,在画面中绘制一个圆角矩形图形。

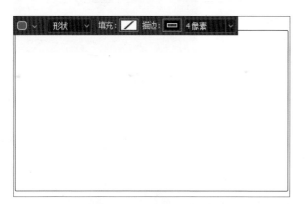

02 复制图像到新建文档中

　　打开素材文件 09.jpg,选择"移动工具",把人物图像复制到新建文件中,得到"图层 1"图层。按下快捷键 Ctrl+T,将人物图像调整到合适大小。

03 创建矢量蒙版

　　执行"图层>矢量蒙版>显示全部"菜单命令,为"图层 1"图层添加矢量蒙版。在"图层"面板中单击矢量蒙版缩览图,选择"矩形工具",在选项栏中将绘制模式更改为"路径",然后在人物图像上方单击并拖曳鼠标,绘制图形,隐藏图形外的人物图像。

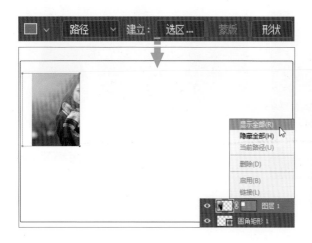

04 调整图像位置

　　单击"图层 1"中图层与蒙版之间的锁定图标，解除锁定状态。单击"图层 1"图层缩览图,选择"移动工具",移动图层中的图像,直到显示完整的人物图像。完成设置后注意重新锁定图层和蒙版。

05 继续复制图像

打开素材文件 10.jpg，选择"移动工具"，把穿着毛衣的人物图像复制到画面右上方位置，生成"图层 2"图层。按下快捷键 Ctrl+T，将图像调整到合适的大小。

06 创建矢量蒙版隐藏图像

选中"图层 2"图层，执行"图层>矢量蒙版>显示全部"菜单命令，添加矢量蒙版。单击工具箱中的"矩形工具"按钮，在选项栏中设置工具选项，然后在人物上半身位置单击并拖曳，绘制图形，隐藏图形外的图像。

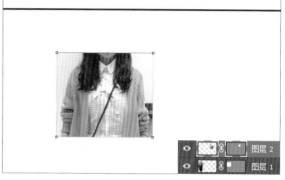

07 复制更多图像

继续使用同样的方法，将素材照片 11.jpg ～ 13.jpg 复制到新建文件中，得到"图层 3""图层 4"和"图层 5"图层，然后根据需要分别调整各图层中图像的大小和摆放位置。

08 选择图层创建矢量蒙版

选中"图层 3"图层，执行"图层>矢量蒙版>显示全部"菜单命令，添加矢量蒙版。单击工具箱中的"矩形工具"按钮，设置绘制模式为"路径"，在人物图像位置单击并拖曳，绘制矩形路径。

09 编辑矢量图形

使用"路径选择工具"选中矩形路径，按下快捷键 Ctrl+T，打开自由变换编辑框。单击并拖曳编辑框，调整矩形的大小和位置，控制蒙版显示范围。

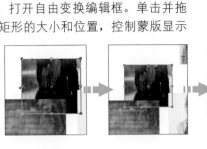

10 使用相同的方法创建矢量蒙版

分别选择"图层 4"和"图层 5"图层，在图层上创建矢量蒙版后，应用相同的方法，调整矢量图形的大小和位置，得到有序排列的画面效果。

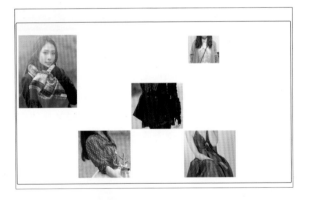

11 使用"矩形工具"绘制红色矩形

选择"矩形工具"，在选项栏中将绘制模式更改为"形状"，设置"填充"为红色，然后在人物旁边的留白区域单击并拖曳鼠标，绘制红色矩形。

12 复制图形并添加文字

按下快捷键 Ctrl+J，复制多个红色矩形，并按照需求调整其位置和大小，最后使用"横排文字工具"在画面中添加合适的文字，完善画面效果。

> **技巧 根据已有的路径创建矢量蒙版**
>
> 如果当前图像中已经创建了工作路径，那么选中路径，执行"图层>矢量蒙版>当前路径"菜单命令，Photoshop 会根据选择的路径创建矢量蒙版。

4.3　剪贴图像合成全新画面

剪贴蒙版是一种可以快速隐藏图像内容的蒙版，也被称为剪贴组。它通过下方图层中的图像形状限定上层图像的显示范围，从而达到一种类似剪贴画的效果。剪贴蒙版由内容图层和基底图层组成。在剪贴蒙版中，最下方的图层为基底图层，该图层名称下会有一条下划线；位于基底图层上方的图层为内容图层，内容图层缩览图以缩进的方式显示，并且在其前方有一个向下的箭头，如右图所示。在剪贴蒙版组中，只能有一个基底图层，而内容图层可以有若干个。

4.3.1　应用要点1：创建剪贴蒙版合成图像

要创建剪贴蒙版，图像中必须包含两个或两个以上图层。Photoshop 中有两种创建剪贴蒙版的方法。一是执行"图层＞创建剪贴蒙版"菜单命令来创建剪贴蒙版，如右图所示。创建剪贴蒙版前，先要选择一个图层。如下图所示，要使用新的照片替换中间相框中的图像，先使用"矩形选框工具"选择中间相框中的图像，复制选区中的图像，创建"图层 1"图层；打开花卉图像，并将其复制到"图层 1"图层的上方，得到"图层 2"图层。

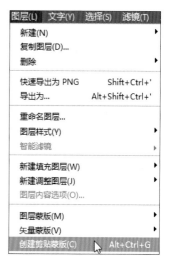

选中"图层 2"图层，执行"图层＞创建剪贴蒙版"菜单命令，创建剪贴蒙版。此时可以看到根据"图层 1"图层中的图像形状剪贴了"图层 2"图层中的图像，超出"图层 1"图像边缘的部分被隐藏了。

二是直接单击"图层"面板中的图层来创建剪贴蒙版。在"图层"面板中选中需要创建剪贴蒙版的图层，如下左图所示；将鼠标移至两个图层的中间位置，按住 Alt 键不放，此时可以看到鼠标指针会变为一个小正方形，并在其旁边显示一个折线箭头，如下中图所示；此时单击鼠标即可创建剪贴蒙版，"图层"面板的效果如下右图所示。

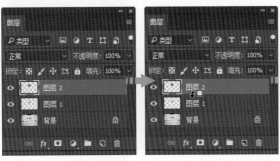

(技巧) **快速创建剪贴蒙版**

在"图层"面板中选中一个图层后，按下快捷键 Ctrl+Alt+G，即可将选中的图层作为内容图层创建剪贴蒙版。

4.3.2 应用要点2：编辑剪贴组实现剪贴对象的自由替换

创建剪贴蒙版后，可以根据需要把剪贴组中的图像移出剪贴组，也可以向剪贴组中添加新的剪贴对象。选中剪贴组中的内容图层，然后将图层向剪贴组外拖曳，当拖曳到合适的位置后，释放鼠标即可将选中的图层移出剪贴组。如果剪贴组中只包含一个内容图层，移除内容图层后，将会删除剪贴蒙版，如下左图所示；如果剪贴组中包含多个内容图层，将其中一个内容图层移出剪贴组后，将不会删除剪贴蒙版，如下右图所示。

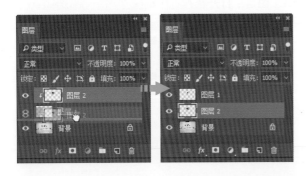

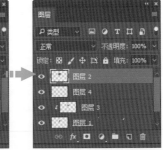

(技巧) **将多个图层移出剪贴组**

在"图层"面板中按住 Ctrl 键不放，依次单击剪贴组中的多个内容图层，选中图层后将其拖曳至剪贴蒙版外，可以将它们一次性移出剪贴组。

在剪贴蒙版中，如果需要添加新的剪贴对象，则需要在"图层"面板中选择需要添加到剪贴组中的内容图层。如右图所示，选中"图层3"图层，将该图层向剪贴组中拖曳，当拖曳至剪贴组内部时释放鼠标，即可将选中的图层移入剪贴组中。

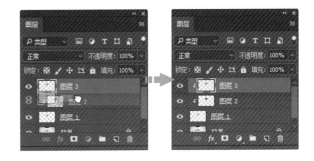

4.3.3 应用要点3：释放剪贴蒙版还原图像效果

如果对图像中已创建的剪贴蒙版不太满意，可以释放剪贴蒙版后再对其进行编辑。释放剪贴蒙版有多种方法。

方法一：在"图层"面板中选中剪贴组中的内容图层，执行"图层>释放剪贴蒙版"菜单命令，即可释放剪贴蒙版，如下左图的3幅图像所示。

方法二：选中内容图层，右击图层，在弹出的快捷菜单中执行"释放剪贴蒙版"命令，释放剪贴蒙版，如下右图所示。

方法三：选中内容图层，将鼠标移至两个图层的中间位置，按住 Alt 键不放，当鼠标指针变为 ◢ 形时单击鼠标，释放剪贴蒙版，如右图所示。如果选中剪贴组中最上方的内容图层，释放剪贴蒙版时，只会将该图层移出剪贴组；如果选中剪贴组中最下方的内容图层，执行操作后会释放整个剪贴蒙版。

4.3.4 示例：合成商品卖点设计图效果

素　材：随书资源 \ 素材 \04\14.jpg ~ 21.jpg
源文件：随书资源 \ 源文件 \04\ 合成商品卖点设计图
　　　　效果 .psd

01 复制图像

执行"文件＞新建"菜单命令，新建一个空白文档。打开素材文件 14.jpg，打开后将图像复制到新建的文件中，得到"图层 1"图层。

02 使用"钢笔工具"沿商品绘制路径

这里需要将瓶子后面的背景部分隐藏，选中"图层 1"图层，执行"图层＞矢量蒙版＞显示全部"菜单命令，创建矢量蒙版。选择"钢笔工具"，在选项栏中设置绘制模式为"路径"，沿瓶子边缘绘制路径，绘制完成后即可隐藏路径外的背景图像。

03 复制新背景

打开素材文件 15.jpg，选择"移动工具"，把打开的新背景图像拖曳至"图层 1"图层下方，得到"图层 2"图层。

04 使用"椭圆工具"绘制圆形

新建"卖点"图层组，用于设置商品的特点。选择"椭圆工具"，在选项栏中设置填充色为"无"、描边颜色为蓝色、类型为虚线，按住 Shift 键不放，在瓶子图像左侧单击并拖曳，绘制正圆图形。

05 使用"椭圆选框工具"绘制选区

选择"椭圆选框工具"，按住 Shift 键不放，在圆形中间再次单击并拖曳，绘制正圆形选区。创建"图层 3"图层，将选区填充为白色。打开素材文件 16.jpg，将其复制到圆形的上方，得到"图层 4"图层。

06 创建剪贴蒙版

由于这里只需在圆形中间显示部分雪山效果，因此选中"图层 4"图层，执行"图层 > 创建剪贴蒙版"菜单命令，创建剪贴蒙版，拼合图像。

> **(技巧) 选择工具绘制模式**
>
> "椭圆工具"的选项栏提供了"形状""路径""像素"3 种绘制模式，在绘制图形时，多选择"形状"模式。

07 创建选区并添加图层蒙版

选中"图层 3"图层，选择"矩形选框工具"，在雪山图像上半部分单击并拖曳鼠标，创建选区。按下快捷键 Ctrl+J，复制选区中的图像，得到"图层 5"图层。复制选区中的图像后，会将"图层 5"和"图层 4"图层自动创建为一个剪贴组，并显示上半部分的天空图像。

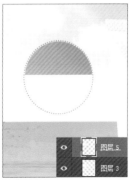

08 将图层移出剪贴组

由于本实例中需要显示下半部分的雪山，所以选择"图层5"图层，将其拖出剪贴组，释放已创建的剪贴蒙版。

09 再次创建剪贴蒙版

选择"图层4"图层，执行"图层>创建剪贴蒙版"菜单命令，重新将"图层3"和"图层4"图层创建为一个剪贴组。

10 复制图层组调整图像位置

根据产品卖点的多少，在"图层"面板中选中"卖点"图层组，连续按下快捷键Ctrl+J，复制多个"卖点"图层组。选择"移动工具"，把复制图层组中的对象移动到不同的位置。

11 复制图像到指定的图层组

展开"卖点 拷贝"图层组，打开素材文件17.jpg，将岩石照片复制到"卖点 拷贝"图层组中"图层5"图层的下方，得到"图层6"图层。

技巧 复制图层组

在"图层"面板中选中需要复制的图层组，将其拖曳至"创建新图层"按钮🖫上，可以快速复制图层组；也可以选择图层组后，单击"图层"面板右上角的扩展按钮▤，在展开的面板菜单中执行"复制组"命令，复制选中的图层组。

12 将图层拖曳到剪贴组中

选中"图层6"图层，将此图层拖曳到
已创建的剪贴组中。拖曳后，"图层6"图层被移到
"图层4"图层的下方。

13 调整图层组中的图层顺序

执行"图层＞排列＞前移一层"菜单命令，
将"图层6"图层移到"图层4"图层的上方，替换
下方的雪山图像。应用"变换"命令将图像调整到
合适的大小。

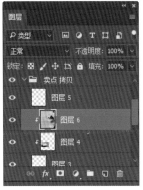

14 复制图像并添加到剪贴组中

展开"卖点 拷贝2"图层组，打开素材
文件18.jpg，将茶树图像复制到"卖点 拷贝2"图
层组中"图层5"图层的下方，得到"图层7"图层，
然后将"图层7"图层拖入剪贴组中，替换下方的
雪山图像。

15 继续编辑图层组合成图像

继续使用相同的方法，分别展开"卖点
拷贝3""卖点 拷贝4""卖点 拷贝5"图层组，在
图层组的剪贴组中添加新的图像，替换下方的雪山
图像。最后根据商品的特点，在画面中输入相应的
文字，完善画面效果。

第5章
应用命令与通道合成图像

在 Photoshop 中，除了应用蒙版进行照片的合成外，还可以使用通道和一些菜单命令来合成特殊的照片效果，如合成全景图、合成 HDR 效果、图像的自由混合等。本章将对常用的合成图像命令进行介绍，帮助读者掌握更多的照片合成技法。

5.1 全景图的制作

　　拍摄照片时，如果使用的数码相机具备全景辅助功能，可轻松获得全景照片。如果所用相机不具备这种功能，那么可以通过后期处理来合成全景效果照片。利用后期处理合成全景照片对素材照片有一定的要求，首先是拍摄的几张照片至少应保留 25% ～ 40% 的重叠区域。若重叠区域较小，在合成图像时容易产生错误，导致无法自动将照片组合在一起。如下图所示，上面的 3 张照片中通过线框标示出了重叠的区域，可以看到这 3 张照片中安排了大量的重叠区域，使用 Photomerge 命令就可以准确地将这些区域重合，创建完美的全景效果；而下面的 3 张照片，虽然拍摄的是同一景色，但照片中的重叠区域较少，在合成的时候容易出现错误。

　　其次是在拍摄时最好使用三脚架固定相机，并在确保曝光正常的前提下，设置手动模式从左到右进行拍摄，以保证拍摄的画面角度一致。这是因为尽管 Photomerge 命令可以处理图像之间的轻微旋转，但图像若存在较大的倾斜，在拼合时也可能会导致错误。使用带旋转头的三脚架则有助于保持相机的准直和视点，如右图所示。再次是保持相同的曝光度，避免在一部分照片中使用闪光灯，而在另一部分照片中不使用闪光灯。这是因为 Photomerge 命令只能对影调差别不大的图像进行协调，不能对影调差别极大的照片进行一致性的处理。

5.1.1　应用要点1：应用Photomerge命令快速合成全景图

使用 Photoshop 中的 Photomerge 命令可以轻松地将多张照片合成一幅连续的图像，并且能够自动将照片之间相同的部分进行重合，还能对照片的透视、光影及色调进行调整，使合成的照片更加完美。执行"文件>自动> Photomerge"菜单命令，如右图所示，即可打开 Photomerge 对话框。在对话框中添加需要用于合成全景图的素材照片，然后选择合成的版面方式等，设置后单击"确定"按钮，即可将添加的照片合成为全景效果照片，如下图所示。合成图像后，在图像边缘可能会出现透明区域，此时需要使用"裁剪工具"将其裁剪掉。

批处理(B)...
PDF 演示文稿(P)...
创建快捷批处理(C)...
裁剪并修齐照片
联系表 II...
Photomerge...
合并到 HDR Pro...
镜头校正...

技巧　添加未打开的图像

　　使用 Photomerge 命令合成全景照片前，如果没有在 Photoshop 中打开图像，则需要单击 Photomerge 对话框中的"浏览"按钮，在打开的"打开"对话框中通过按住 Ctrl 键，选择需要合成的多张素材照片。

5.1.2　应用要点2：应用"自动对齐图层"命令合成图像

在 Photoshop 中除了可以使用 Photomerge 命令合成全景图外，也可以使用"自动对齐图层"命令合成全景图。"自动对齐图层"命令需要在同一个文件中执行，因此应用此命令前，需要将待合成的多张照片都添加到同一个文件中，然后执行"编辑>自动对齐图层"菜单命令，打开"自动对齐图层"对话框，如右图所示。此对话框中的选项与 Photomerge 对话框中的类似。

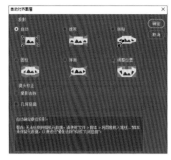

打开 3 幅雪山图像，执行"新建>文件"菜单命令，新建一个用于合成全景图的空白文件，然后将这 3 幅图像都添加到该文件中，此时可以看到未合成前的图像效果。在"图层"面板中按住 Ctrl 键不放，依次选中这 3 幅图像所对应的图层，如下左图所示。执行"编辑>自动对齐图层"菜单命令，并应用默认选项设置后，可以看到 Photoshop 自动根据 3 个图层中的重叠区域调整了图像的位置。下右图所示为自动对齐图层前后的图像对比效果。

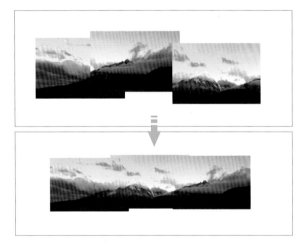

技巧　使用"自动混合图层"命令合成全景图

在 Photoshop 中还可以使用"自动混合图层"命令合成全景图。与"自动对齐图层"命令一样，使用此命令合成全景图时也需要将图像都添加到同一个文件中，然后执行"编辑>自动混合图层"菜单命令，打开"自动混合图层"对话框。由于需要制作全景图，因此在对话框中选择"全景图"混合方法，然后 Photoshop 会根据设置合成全景图。

5.1.3 示例：合成更开阔的风光照片效果

效果图

原图

素　材：随书资源 \ 素材 \05\01.jpg ～ 03.jpg
源文件：随书资源 \ 源文件 \05\ 合成更开阔的风光照
片效果 .psd

01 打开待合成的素材图像

打开素材文件 01.jpg ～ 03.jpg，执行"窗口＞排列＞三联垂直"菜单命令，调整排列方式，查看打开的图像。

02 执行命令打开对话框

执行"文件＞自动＞ Photomerge"菜单命令，打开 Photomerge 对话框。

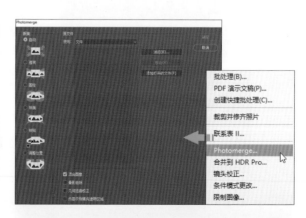

03 添加源文件

由于步骤 01 中已经将 3 张照片打开了，因此单击"添加打开的文件"按钮，即可将素材图像添加到"使用"下面的列表框中。添加完文件后，单击"确定"按钮。

04 合成全景图

Photoshop 自动根据图像进行全景照片的拼合操作，拼合完成后会生成全景图效果。打开"图层"面板，可以看到 Photoshop 通过对 3 张照片的重叠部分进行叠加并添加图层蒙版，合成了一幅完整的全景图。

05 运用"裁剪工具"绘制裁剪框

合成图像后，在图像边缘出现了许多透明区域。单击工具箱中的"裁剪工具"按钮，在图像窗口中单击并拖曳鼠标，绘制一个矩形裁剪框，并将裁剪框调整到合适的大小。

06 裁剪照片

单击"裁剪工具"选项栏中的"提交当前裁剪操作"按钮，裁剪照片。按下快捷键 Shift+Ctrl+Alt+E，盖印图层，创建"图层 1"图层。

07 设置"智能锐化"滤镜锐化图像

执行"滤镜＞锐化＞智能锐化"菜单命令，打开"智能锐化"对话框。在对话框中设置各项参数，设置后单击"确定"按钮，锐化图像。

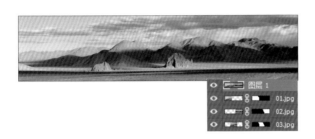

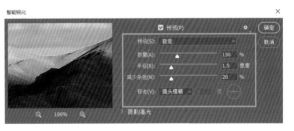

08 设置"色阶"调整图像

单击"调整"面板中的"色阶"按钮，添加"色阶 1"调整图层，打开"属性"面板。为了增强图像的对比效果，将黑色和灰色滑块向右拖曳，使阴影和中间调部分变得更暗，再将白色滑块向左拖曳，使高光部分变得更亮，形成更鲜明的对比效果。

5.2　超现实的HDR影像

HDR 是英文 High Dynamic Range 的缩写，意为高动态范围。HDR 图像可以呈现出一个充满无限可能的世界，它不仅能保证照片亮部和暗部细节足够清晰，而且能使照片的亮部更亮、暗部更暗。在 Photoshop 中，可以通过后期处理合成绚丽的 HDR 图像效果。HDR 合成是非常有趣的后期处理手段，由于并不是所有类型的照片都适合创建 HDR 效果，因此需要对照片进行判断和选择。HDR 的优势在于能突出物体或对象的纹理质感，所以它适合应用于建筑物、风景等有很多细节的照片，也适合一些纪实类照片的处理。HDR 不适合应用于人像照片，若对人像照片应用 HDR，则会突出人物皮肤上的细纹、痘痘等瑕疵。同样，花卉照片也是如此。下左图所示的 3 幅图像适合应用 HDR 效果，而下右图所示的 3 幅图像就不适合应用 HDR 效果。

5.2.1　应用要点1：使用预设轻松创建HDR效果

在 Photoshop 中使用"合并到 HDR Pro"命令，可以将多张照片通过叠加的方式创建为 HDR 照片效果。拍摄素材照片时，需要将相机固定在三脚架上，并且在不改变光照条件的情况下，通过改变快门速度拍摄多张（至少 3 张）不同曝光的照片。在进行后期处理的时候，打开拍摄的不同曝光的照片，执行"文件＞自动＞合并到 HDR Pro"菜单命令，如右图所示，在打开的"合并到 HDR Pro"对话框中设置相关参数，即可创建合适的 HDR 照片效果。

批处理(B)...
PDF 演示文稿(P)...
创建快捷批处理(C)...

裁剪并修齐照片

联系表 II...

Photomerge...

合并到 HDR Pro...

镜头校正...

条件模式更改...

限制图像...

打开 3 张使用相机的自动包围曝光功能拍摄的建筑物照片，从这 3 张照片上可以看到在不同的曝光条件下，画面所表现的细节也不同。如下图所示，当针对暗部曝光时，照片中虽然能够保留天空等亮部区域的细节，但暗部的层次偏弱；当针对亮部曝光时，则出现了相反的情况，暗部细节保留完整，但天空部分的细节较少。

执行"文件＞自动＞合并到 HDR Pro"菜单命令，打开"合并到 HDR Pro"对话框。在对话框中选择需要进行合并的照片，这里选择上面打开的 3 张照片，单击"确定"按钮，打开另一个"合并到 HDR Pro"对话框。此时 Photoshop 会自动对选择的照片进行图像的合并，并且可以调整各个选项值的大小，如右图所示。

"合并到 HDR Pro"对话框中提供了"预设"选项，当不知道设置什么参数值合适时，可以尝试选择"预设"下拉列表框中的选项来快速创建 HDR 照片效果。单击"预设"下拉按钮，展开"预设"下拉列表，在该下拉列表中可以看到系统提供的多种预设的 HDR 效果。选择一个选项后，下方的参数值会随之发生变化。如左图所示，在"预设"下拉列表框中选择"更加饱和"选项后，得到了色彩鲜艳的 HDR 风格效果。

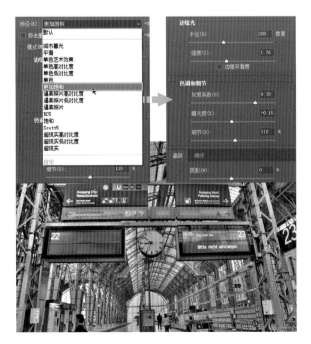

5.2.2 应用要点2：指定参数得到更精细的HDR效果

在"合并到 HDR Pro"对话框中选择"预设"选项后，如果对预设效果不满意，还可以使用对话框中的"边缘光""色调和细节""高级"等选项组对图像做进一步调整。在"边缘光""色调和细节""高级"3 个选项组中，用户可以根据需要分别拖曳选项滑块，控制图像效果，并且可以参照左侧的预览效果图反复调整，从而创建更适合的 HDR 影像效果。

如右图所示，在 5.2.1 小节中应用"更加饱和"预设后，可以看到图像的颜色饱和度有所提高，但是图像整体偏暗，细节层次感不强，所以需要对色调和细节做进一步处理。先将"曝光度"滑块向右拖曳到 0.10 位置，提亮图像；然后向右拖曳"细节"滑块，加强细节；为了使图像边缘部分更清晰，调整"边缘光"选项组下的"半径"和"强度"，如右图所示。设置后可以看到更加出色的 HDR 照片效果。

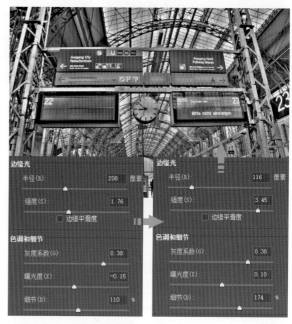

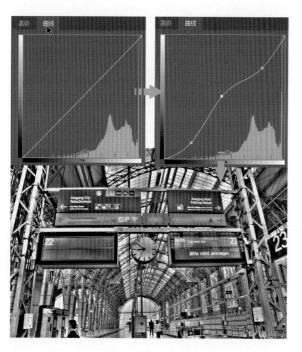

在"合并到 HDR Pro"对话框中，如果需要对图像的亮度做更精细的调整，可以使用"曲线"进行处理。单击"曲线"标签，将展开"曲线"选项卡，在选项卡中的曲线图上单击，添加曲线控制点，然后同设置"曲线"调整图层一样，向上或向下拖曳曲线控制点即可。如左图所示，为了增强照片的中间调细节，在曲线上单击并向上拖曳，提亮中间调部分，再分别在曲线右上角和左下角单击，添加曲线控制点，向下拖曳曲线，降低高光和阴影部分的亮度，得到更细腻的 HDR 图像。

5.2.3 示例：合成更有视觉冲击力的HDR照片

效果图

原 图

素 材：随书资源 \ 素材 \05\04.jpg ～ 06.jpg
源文件：随书资源 \ 源文件 \05\ 合成更有视觉冲击力的
　　　　HDR 照片 .psd

01 执行菜单命令

启动 Photoshop 程序，执行"文件＞自动＞合并到 HDR Pro"菜单命令，打开"合并到 HDR Pro"对话框。在对话框中单击"浏览"按钮。

02 添加图像

打开"打开"对话框，在对话框中选择素材文件 04.jpg ～ 06.jpg，单击"确定"按钮，返回"合并到 HDR Pro"对话框，可看到所选文件已被添加到"使用"下面的列表框中。

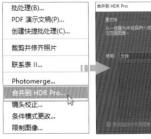

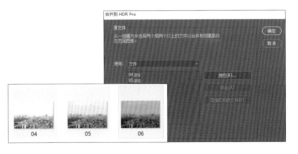

03 打开"合并到HDR Pro"对话框

添加文件后，单击对话框中的"确定"按钮，将再弹出一个"合并到 HDR Pro"对话框。

> **(技巧) 添加打开的文件**
>
> 执行"合并到 HDR Pro"菜单命令前，如果已经将素材图像在 Photoshop 中打开了，则可以单击"添加打开的文件"按钮，快速添加源图像。

04 选择预设调整选项

　　单击"预设"下拉按钮，在展开的下拉列表中选择"逼真照片高对比度"选项，转换为 HDR 效果。此时可以看到图像中出现了重影，图像变得模糊，因此勾选"移去重影"复选框，去除照片重影。

05 调整更多选项创建HDR效果

　　为了增强 HDR 照片的质感，在对话框中再次调整下方的各项参数值，设置后单击"确定"按钮，合成 HDR 照片效果。

(技巧) 去除照片重影

　　如果拍摄照片时画面中有移动的对象，就会导致拍摄出来的照片中出现重影，这时就要勾选"合并到 HDR Pro"对话框中的"移去重影"复选框，去除照片中的重影。

06 绘制柔和的矩形选区

　　合成图像后，可以看到天空部分偏灰。选择"矩形选框工具"，在上方的天空区域单击并拖曳鼠标，创建选区。执行"选择＞修改＞羽化"菜单命令，打开"羽化选区"对话框，设置"羽化半径"为 150 像素，单击"确定"按钮，羽化选区。

07 设置"色阶"加强天空层次

　　新建"色阶 1"调整图层，在色阶图中先将黑色和白色滑块向中间位置拖曳，使阴影和高光部分的对比更强烈，再将灰色滑块向左拖曳，修复较暗的图像。

08 应用"色彩平衡"调整天空颜色

按住 Ctrl 键不放，单击"色阶 1"图层蒙版缩览图，载入选区。新建"色彩平衡 1"调整图层，在打开的"属性"面板中选择"中间调"选项，拖曳下方的滑块，增加中间调部分的红色和蓝色；再选择"高光"选项，拖曳滑块，增加高光部分的青色和蓝色，使天空变得更蓝。

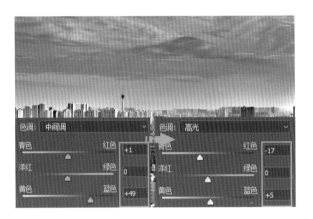

09 设置"阴影/高光"选项提亮阴影

按下快捷键 Shift+Ctrl+Alt+E，盖印图层，得到"图层 1"图层。虽然在"合并到 HDR Pro"对话框中已将"阴影"设置为较大的参数值，但图像阴影部分还是偏暗。执行"图像＞调整＞阴影/高光"菜单命令，在打开的对话框中设置阴影"数量"为 40%，单击"确定"按钮，提亮阴影。

10 设置"减少杂色"滤镜去除噪点

按下快捷键 Ctrl+J，复制图层，得到"图层 1 拷贝"图层。执行"滤镜＞杂色＞减少杂色"菜单命令，打开"减少杂色"对话框。通过观察左侧的图像，调整右侧的选项，直到去除照片中的噪点为止。设置完成后，单击"确定"按钮。

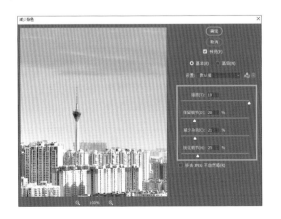

11 编辑图层蒙版

由于只需对天空部分运用降噪处理，因此单击"添加图层蒙版"按钮，为"图层 1 拷贝"图层添加图层蒙版，选择"渐变工具"，在选项栏中选择"黑，白渐变"，从图像下方往上拖曳创建渐变，还原清晰的建筑物图像。

5.3 图像的叠加混合处理

　　混合模式是一种能够改变像素混合效果的功能，它被广泛应用于图像合成。图层混合模式是指一个图层与下方图层的色彩叠加方式，通过在不同的叠加方式之间进行切换，可以使图像的色彩快速产生变化，合成全新的画面效果。

　　图层混合模式是将当前图层和下一图层的像素进行相互混合，因此应用图层混合模式混合图像时必须在两个图层之间进行，即选取两个用于混合的图像，将其添加到同一个文件中，然后通过"图层"面板中的"图层混合模式"下拉列表框选择适合当前图层的混合模式，如下图所示。

5.3.1　应用要点1：使用不同的图层混合模式混合图像

　　Photoshop 中有组合型、加深型、减淡型、对比型、比较型和颜色型六大类混合模式组，每组中又包括多个不同的混合模式，同一组中的混合模式可以产生相似的效果。单击"图层"面板中图层混合模式右侧的下拉按钮，可以展开图层混合模式列表，如右图所示。在列表中可看到所有混合模式组中的混合模式，在具体的操作过程中，用户可以根据需要选择适合当前图层的混合模式进行图像的叠加混合。

正常	叠加
溶解	柔光
	强光
变暗	亮光
正片叠底	线性光
颜色加深	点光
线性加深	实色混合
深色	
	差值
变亮	排除
滤色	减去
颜色减淡	划分
线性减淡（添加）	
浅色	色相
	饱和度
	颜色
	明度

组合型混合模式组包括"正常"和"溶解"两种模式,这两种混合模式需要降低不透明度才能产生作用。"正常"混合模式为默认的混合模式,图层不透明度为 100% 时,会完全遮盖下层的图像;降低不透明度后,可以使其与下方图层混合,如下左图所示。"溶解"混合模式与"正常"混合模式类似,选择此模式并降低不透明度时,可以使图像产生点状颗粒,如下右图所示。

加深型混合模式组包括"变暗""正片叠底""颜色加深""线性加深"和"深色"5 种混合模式。对图像应用加深型混合模式,可以使图像变暗,当前图层中的白色会被下层较暗的像素替代。下图所示为应用不同的加深型混合模式后得到的图像效果。

减淡型混合模式与加深型混合模式的作用刚好相反,它们可以使图像变亮,当前图层中的黑色部分会被下层较亮的像素替代,任何比黑色亮的像素都可能加亮下层图像。减淡型混合模式组包括"变亮""滤色""颜色减淡""线性减淡(添加)"和"浅色"5 种混合模式。下图所示为应用不同的减淡型混合模式后得到的图像效果。

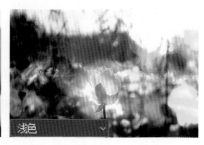

对比型混合模式组包括"叠加""柔光""强光""亮光""线性光""点光"和"实色混合"7 种混合模式。对比型混合模式可以增强图像的反差，应用此类型的混合模式混合图像时，50% 的灰色会完全消失，任何亮度值高于 50% 灰色的像素都可能加亮下层图像，亮度值低于 50% 灰色的像素则可能使下层图像变暗。下图所示为应用"柔光"和"强光"混合模式后得到的纹理效果。

比较型混合模式组中的混合模式把当前图层与下层进行混合，将相同的区域显示为黑色，不同的区域显示为黑色或彩色。比较型混合模式组包括"差值""排除""减去"和"划分"4 种混合模式。下图所示的两幅图像为原图像，分别应用"划分"和"差值"混合模式后，可得到如右图所示的图像效果。

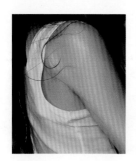

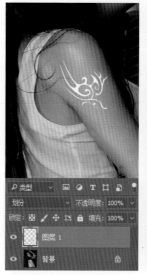
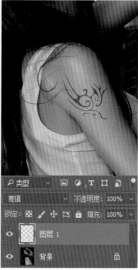

颜色型混合模式可以让图像的某些区域变为黑白色，并且在混合的同时保持下层图像的亮度和色相。颜色型混合模式组包括"色相""饱和度""颜色"和"明度"4种混合模式。使用颜色型混合模式混合图像时，Photoshop会将色相、饱和度、亮度等要素中的一种或两种应用到图像中，绘制出特殊的画面效果。

右图所示为抠出的杯子图像，并在其上方添加了花纹图案图层。未设置混合模式时，花纹颜色与杯子颜色的反差较明显，当分别将图层混合模式更改为"色相""饱和度"及"明度"时，获得的画面效果如下图所示。

5.3.2 应用要点2：快速更改并查看混合模式

在图像合成应用中，往往不能一次就确定需要采用的混合模式，此时若通过单击"设置图层的混合模式"下拉按钮，在展开的下拉列表中选择不同的混合模式进行切换会显得烦琐。Photoshop提供了一种快速切换混合模式的方法，具体操作步骤为，单击"设置图层的混合模式"下拉按钮，在展开的列表中选中一种混合模式，使其为可编辑状态，即在该区域会显示蓝色的边框，如右图所示。此时按下键盘中的上、下、左、右方向键，即可在各种混合模式之间快速切换。

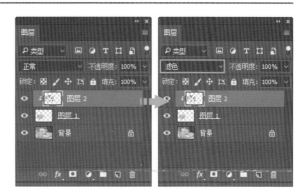

5.3.3 示例：合成创意的多重曝光效果

效果图

原图

素　材：随书资源＼素材＼05＼07.jpg、08.jpg
源文件：随书资源＼源文件＼05＼合成创意的多重曝光效果.psd

01 设置"色彩范围"创建选区

打开素材文件 07.jpg，执行"选择＞色彩范围"菜单命令，打开"色彩范围"对话框。在对话框中使用"添加到取样"工具在背景位置单击，由于这里需要选择背景中间的人物图像，因此需要勾选"反相"复选框，设置后单击"确定"按钮，创建选区。

02 应用"套索工具"调整选区

在创建的选区中未包含人物图像的高光部分。选择"套索工具"，单击"添加到选区"按钮，然后在人物面部及皮肤等区域单击并拖曳，创建选区，扩大选择范围，选中整个人物图像。

03 创建剪贴蒙版拼合图像

按下快捷键 Ctrl+J，复制选区内的图像，得到"图层 1"图层，这个图层用于确定重影的应用范围。打开素材文件 08.jpg，选择工具箱中的"移动工具"，把这张照片拖曳至人物图像的上方，得到"图层 2"图层。这里只需在人物所在位置显示重影，因此执行"图层＞创建剪贴蒙版"菜单命令，创建剪贴蒙版，把不需要显示的图像隐藏起来。

04 更改图层混合模式

在"图层"面板中选择"图层 2"图层，更改图层混合模式为"柔光"，混合图像，使两个影像自然地叠加在一起。

05 编辑图层蒙版

为"图层 2"图层添加图层蒙版，选择黑色的画笔，降低画笔的"不透明度"和"流量"，涂抹头发和面部位置，降低重影的不透明度，让重影呈现较柔和的渐隐效果。

06 使用"套索工具"选择图像

选择"套索工具"，在选项栏中设置"羽化"为 30 像素，在人物肩膀位置单击并拖曳鼠标，创建选区。按下快捷键 Ctrl+J，复制选区中的图像，加深重影效果。

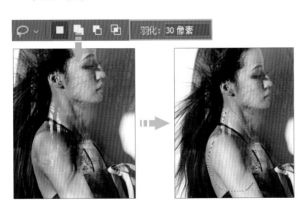

07 复制图像并更改图层混合模式

使用相同的方法，更改图层混合模式后，添加图层蒙版，涂抹重影边缘位置，使其形成自然的过渡效果。最后新建"色相/饱和度 1"调整图层，将"饱和度"滑块向左拖曳，降低重影部分的饱和度。

技巧 创建调整图层

合成图像后，为了让图像的颜色更自然，通常需要创建调整图层调整图像。可以执行"图层 > 新建调整图层"菜单命令或者单击"调整"面板中的按钮，创建调整图层。

5.4 应用图像进行混合

使用图层混合模式混合图像具有一定的局限性，它只能用于同一个图像中不同图层的混合，并且会对所有的颜色通道进行混合。如果需要创建特殊的图像合成效果，则可以使用"应用图像"命令。使用"应用图像"命令不但可以对一个图像中的不同图层或通道应用混合效果，还可以对两个不同图像中的图层或通道混合图像。

"应用图像"命令会修改被混合的目标对象，如果需要创建特殊的图像合成效果，可以直接在图像中进行；使用"应用图像"命令合成图像时，可以在合成之前先将图像复制，以创建对象副本，再执行"图像＞应用图像"菜单命令，将打开如右图所示的"应用图像"对话框，在此对话框中可以完成应用图像的设置。

5.4.1 应用要点1：使用"应用图像"命令合成图像

使用"应用图像"命令合成图像时，需要先将用于混合的源图像和目标图像在 Photoshop 中打开，并在目标图像中选择所需的图层或通道。如果两个图像的颜色模式不同，则可以对目标图像的复合通道应用单一通道。如右图所示，这里需要为照片合成一个新的背景效果。打开另一幅素材图像，执行"图像＞应用图像"菜单命令，打开"应用图像"对话框；在对话框中设置要应用图像的源图像、通道及混合模式，确认操作后在图像窗口中可查看应用图像效果，如下图所示。

5.4.2　应用要点2：指定混合源改变混合效果

在"应用图像"对话框中有设置混合源、混合模式和混合强度的选项，用于应用效果的控制。使用"源"选项组可设置图像的应用源。在"源"下拉列表框中列出了当前打开的一个或多个图像。如果图像中包括多个图层，还可以使用"图层"下拉列表框选择用于应用图像的图层，默认选择"背景"图层。此外，还能使用"通道"下拉列表框选择用于当前图像混合的通道。选择不同的图像、通道作为应用源混合图像，能够产生不同的混合效果。

以源 02 的日出照片作为源图像，分别选择"红"通道和"蓝"通道图像加以应用时，可以看到以相同的图像源混合图像时，基于不同的颜色通道混合图像，得到的图像效果也存在较大的差别，如右图所示。

5.4.3　应用要点3：选择不同的混合模式融合图像

使用"应用图像"对话框的"混合"下拉列表框可以选择图像混合的方式，选择不同混合模式时，得到的混合效果存在较大差别，因此在合成照片时可以尝试多应用几种混合模式，并选取最适合的模式。单击"混合"选项右侧的下拉按钮，在展开的下拉列表中即可选择需要的混合模式，如右图所示。这里的混合模式与"图层"面板中的混合模式类似，下图所示的几幅图像分别展示了选择不同混合模式时得到的图像效果。

"应用图像"对话框提供的混合模式中有"相加"和"减去"两种"图层"面板中没有的混合模式。"相加"混合模式可增加两个通道中像素的亮度，重叠的像素会使图像变亮，且两个通道中的黑色区域仍然保持黑色。"减去"混合模式可以从目标通道中相应的像素上减去源通道中的像素值。

5.4.4 应用要点4：启用"蒙版"实现图像的局部混合

使用"应用图像"命令混合图像不但可以对全图应用混合效果，它与图层混合模式最大的区别就是可以对部分图像应用混合效果。在"应用图像"对话框中有"蒙版"复选框，未勾选该复选框时，将会对当前图像或通道中的所有图像应用混合效果；若勾选"蒙版"复选框，则可以展开如右图所示的"蒙版"选项组，在选项组中可以选择包含蒙版的图像和图层，对蒙版区域中的图像应用混合效果。

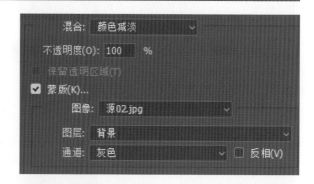

继续以上面的图像为例，如果只需对天空部分应用混合效果，在混合图像前，需先复制图层，然后添加图层蒙版，把不需要混合的雪山和树木部分填充为黑色，再执行"应用图像"命令，打开"应用图像"对话框。由于已经添加了图层蒙版，因此勾选"蒙版"复选框，然后在下方选择添加蒙版的图层与通道，如右图所示。设置后在图像窗口中将会看到只对天空部分进行了图像的混合操作，而蒙版中黑色的雪山与树木没有产生任何变化。

> (技巧) **设置混合不透明度**
>
> "应用图像"对话框的"不透明度"选项用于控制混合的强度。设置的"不透明度"值越小，参与混合的对象对被混合的目标对象的影响越小，得到的混合强度也就越弱。

5.4.5 示例：应用图像为照片添加自然的光斑效果

素　材：随书资源 \ 素材 \05\09.jpg、10.jpg
源文件：随书资源 \ 源文件 \05\ 应用图像为照片添加自然的光斑效果 .psd

01 打开并复制图像

执行"文件＞打开"菜单命令，打开素材文件 09.jpg，复制"背景"图层，创建"背景 拷贝"图层。

02 设置选项应用图像

执行"图像＞应用图像"菜单命令，打开"应用图像"对话框。在对话框中选择"红"通道，设置混合模式为"浅色"、"不透明度"为 40%，单击"确定"按钮，应用图像，降低颜色饱和度。

03 添加图层蒙版

按下快捷键 Shift+Ctrl+Alt+E，盖印图层，得到"图层 1"图层。单击"添加图层蒙版"按钮，为"图层 1"图层添加图层蒙版。

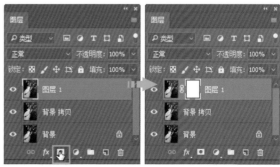

04 使用"渐变工具"编辑图层蒙版

选择"渐变工具"，在选项栏中选择"黑，白渐变"，单击"对称渐变"按钮▣，并勾选"反向"复选框。单击"图层1"图层蒙版缩览图，从画面中间位置向斜下方拖曳，创建渐变。

05 打开并选择图像

打开素材文件10.jpg，切换到09.jpg图像，在"图层"面板中单击"图层1"图层缩览图，执行"图像>应用图像"菜单命令。

06 设置选项应用图像

打开"应用图像"对话框，在对话框中设置"源"为10.jpg、"通道"为"绿"通道、混合模式为"滤色"。由于这里只需在部分图像上添加光斑效果，因此勾选"蒙版"复选框，设置"图像"为09.jpg、"图层"为"图层1"、"通道"为"图层蒙版"，设置后单击"确定"按钮，应用图像。

07 应用"色彩平衡"调整颜色

单击"调整"面板中的"色彩平衡"按钮▣，新建"色彩平衡1"调整图层。在打开的"属性"面板中选择"中间调"选项，设置颜色为+22、-1、-32；接着选择"阴影"选项，设置参数值为-11、0、+7，获得颜色更为协调的图像效果。

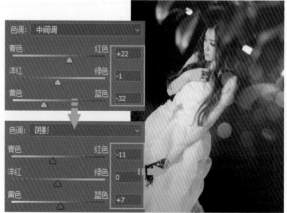

5.5 通过计算合成照片

在 Photoshop 中使用"计算"命令可以混合两个来自一个或多个源图像的单个通道内的图像，并将两个通道内的图像进行叠加，得到新的图像。使用"计算"命令计算图像时，不但可以随意指定用于混合的通道，还可以将计算结果应用到新图像或新通道中，以便查看计算后的图像效果。利用"计算"命令创建的通道和选区不能生成彩色图像，因此通过此命令混合出的图像会以黑、白、灰色显示。

打开需要计算的图像后，执行"图像＞计算"菜单命令，即可打开"计算"对话框。在对话框中可以指定用于计算的图层、通道及混合模式等，并且可以根据需要选择以不同的方式输出计算结果，如右图所示。

5.5.1 应用要点1：对指定通道应用计算

用于计算的两幅图像需要有相同的尺寸。使用"计算"命令编辑图像时，可以在"计算"对话框中选择用于计算的红、绿、蓝及灰色通道。"计算"对话框中图层属于上下的层属关系，在编辑的过程中，可以根据需要尝试在不同的通道中应用计算，并选择其中最适合的计算方式来融合图像。

如下图所示，这里打开了两张素材照片，执行"图像＞计算"菜单命令，打开"计算"对话框；在对话框中分别指定"源 1"和"源 2"选项后，可以看到默认选择的"通道"均为"红"通道，此时在图像窗口中可以看到通过计算混合的图像效果。

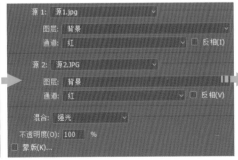

在不更改图像源的情况下，单击"源2"选项组中的"通道"下拉按钮，在展开的下拉列表中选择"绿"选项，将"红"通道改为"绿"通道，应用"绿"通道中的图像进行计算操作，可以看到更改颜色通道后，得到了不一样的图像混合效果，如右图所示。

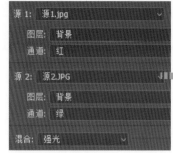

5.5.2 应用要点2：选择合适的结果计算图像

使用"计算"命令计算图像时，不会更改原通道中的图像效果，它会将混合的结果保存到新的通道中，也可以将其创建为选区，还可以生成一个黑白图像文件。具体以哪种方式输出计算的结果，可以在"计算"对话框的"结果"下拉列表框中选择。如右图所示，单击"结果"右侧的下拉按钮，在展开的下拉列表中即可看到可供选择的输出结果选项。选择"新建文档"选项，会将计算后的图像存储于一个新的文档中；选择"新建通道"选项，将在"通道"面板中创建一个 Alpha 通道，用于存储计算结果；选择"选区"选项，会将计算结果创建为一个选区。下图所示分别为选择不同的选项时输出的计算结果。

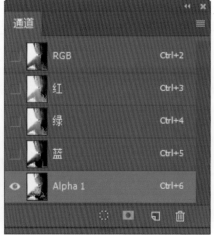

5.5.3 示例：计算图像塑造更有空间感的照片透视效果

素　材：随书资源 \ 素材 \05\11.jpg、12.jpg
源文件：随书资源 \ 源文件 \05\ 计算图像塑造更有空间
　　　　感的照片透视效果 .psd

01 打开并复制图像

打开素材文件 11.jpg，按下快捷键 Ctrl+J，
复制图像，得到"图层 1"图层。

02 计算图像

执行"图像>计算"菜单命令，打开"计算"
对话框。在对话框中设置"源 1"的"通道"为"红"
通道，"源 2"的"通道"为"灰色"通道，"结果"
为"选区"，设置后单击"确定"按钮，创建选区，
选择图像。

03 添加图层蒙版

单击"图层"面板中的"添加图层蒙版"
按钮 ，为"图层 1"图层添加图层蒙版。

04 查看蒙版图像

按住 Alt 键不放，单击"图层"面板中的"图层 1"图层蒙版缩览图，查看图像。

05 使用"画笔工具"编辑图层蒙版

选择"画笔工具"，设置前景色为白色，涂抹窗户外的图像位置，将其涂抹为白色；设置前景色为黑色，涂抹桌椅及地面图像。

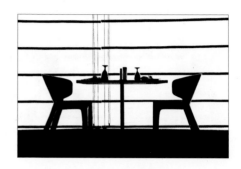

06 打开图像

打开素材文件 12.jpg。切换到 11.jpg 图像，执行"图像>计算"菜单命令。

07 设置"计算"选项

打开"计算"对话框，在对话框中设置"源 1"为 11.jpg，其"通道"为"绿"通道，"源 2"为 12.jpg，其"通道"为"蓝"通道，勾选"蒙版"复选框，设置计算范围，将"结果"调整为"新建通道"，设置后单击"确定"按钮。

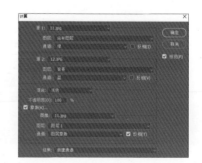

08 计算图像

计算图像后，切换到"通道"面板，在面板中创建了 Alpha 1 通道，存储计算得到的图像。

09 复制通道中的图像

按下快捷键 Ctrl+A，全选通道中的图像，再执行"编辑＞拷贝"菜单命令，复制选中的图像。

10 创建新图层并粘贴图像

切换到"图层"面板，单击面板下方的"创建新图层"按钮，新建"图层 2"图层。执行"编辑＞粘贴"菜单命令，将选择的 Alpha 1 通道中的图像复制到新建的图层中。

11 设置"色相/饱和度"为图像上色

单击"调整"面板中的"色相／饱和度"按钮，新建"色相／饱和度 1"调整图层，打开"属性"面板，在其中勾选"着色"复选框，设置"色相"及"饱和度"，为图像叠加颜色。

12 设置"曲线"提亮图像

单击"调整"面板中的"曲线"按钮，新建"曲线 1"调整图层，打开"属性"面板。为了让图像变得更亮，在面板中单击并向上拖曳曲线，再结合"渐变工具"编辑图层蒙版，控制调整的图像范围。

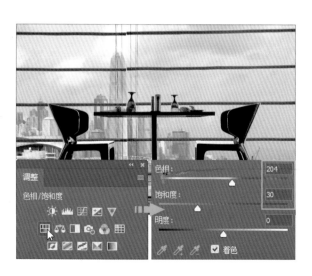

第6章
数码照片的特效制作

第 1 章中介绍了一些常见的摄影特效。如果拍摄技术水平有限，也可以通过后期处理来创建一些特殊效果，如变焦特效、镜头光晕特效、素描绘画特效等。通过对照片应用特效设计，能够使普通的照片变得更加吸引人。本章将对一些常用特效的制作和应用进行详细讲解。

6.1　老照片特效

　　泛黄的照片，尘封的记忆，总是让人回想起过去。现在很多人都喜欢将照片转换为不同的风格效果，其中较为常见的就是老照片特效风格。在 Photoshop 中，可以通过应用调整命令对照片的色调进行转换，得到暗黄色色调，再结合"扭曲"滤镜和"添加杂色"滤镜在照片中进行纹理、颗粒感的设置，创建老照片效果。

6.1.1　应用要点1：创建调整图层变换照片颜色

　　老照片是指很长时间之前拍摄的照片，这类照片因为受到岁月的侵蚀，色彩饱和度比较低，颜色偏黄。在 Photoshop 中，若要将照片设置为老照片特效，需要对照片颜色进行调整，这时可使用调整图层来完成。调整图层可以通过执行"图层＞新建调整图层"菜单命令进行创建，也可以单击"调整"面板中的按钮来创建。创建调整图层后，会打开"属性"面板，对照片色彩的调整都可以通过编辑此面板中的选项来实现。当创建不同的调整图层时，在"属性"面板中所显示的调整选项也会有所区别。

　　如下图所示，打开一张照片，如果需要调整照片的颜色鲜艳度，可单击"调整"面板中的"色相／饱和度"按钮，打开"属性"面板，在面板中会显示"色相／饱和度"选项，在其下方可以根据需要设置各选项。此时在图像窗口中能看到应用设置后得到的图像效果，如右图所示。

如果需要使用菜单命令创建调整图层，可执行"图层>新建调整图层"菜单命令，打开级联菜单，可看到多个用于调整图像颜色的调整命令。单击任一菜单命令，即可打开相应的"属性"面板，在面板中设置选项，调整照片颜色。如下图所示，执行"图层>新建调整图层>色彩平衡"菜单命令，打开"新建图层"对话框，保留默认的图层名，单击"确定"按钮，在打开的"属性"面板中设置调整选项，即可得到如下图所示的图像效果。

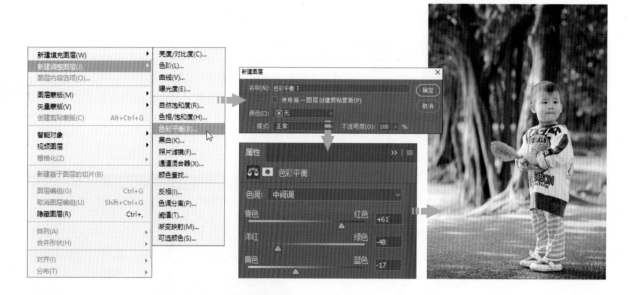

　　创建调整图层调整照片颜色后，如果对于图像色彩不太满意，还可以双击"图层"面板中的调整图层缩览图，打开"属性"面板，在面板中重新设置各项参数。

6.1.2　应用要点2："添加杂色"滤镜为图像添加颗粒感

　　"添加杂色"滤镜可以为照片添加自然的杂点，它将随机像素应用于图像，模拟在高速胶片上拍摄的效果。可以用它在照片中添加不规则的颗粒，模拟老照片的颗粒质感。执行"滤镜>杂色>添加杂色"菜单命令，将打开"添加杂色"对话框，在对话框中可以指定添加的杂色数量、分布方式等，并且可以选择是添加彩色杂色还是单色杂色。

　　打开一张素材照片，如下左图所示，需要在这张照片中添加杂色效果。执行"添加杂色"菜单命令，打开如下中图所示的"添加杂色"对话框，在对话框中设置选项，单击"确定"按钮，就可以应用设置的选项，在照片中添加较自然的杂点效果，如下右图所示。

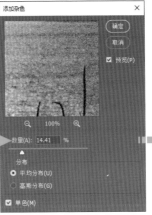

在"添加杂色"对话框中，"数量"选项用于控制添加的杂色的分布密度，其取值范围为 0.1～400 之间的任意数值。设置的参数值越大，在画面中产生的杂点就越多，得到的效果也就越明显。如右图所示的两幅图像中可以清楚地看到在不同的"数量"下，上方的预览图像中产生的杂点效果。

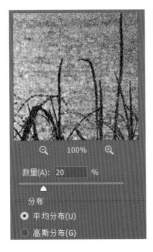

"分布"选项组用于定义添加的杂色的分布方式，默认选择"平均分布"方式，Photoshop 会在图像中随机添加杂色，杂色统一平均分布显示；若选中"高斯分布"单选按钮，则 Photoshop 会按高斯曲线安排杂色的分布，添加的杂色比"平均分布"方式下添加的杂色更密，如左图所示。

> **技巧　添加单色杂色**
>
> 　　勾选"添加杂色"对话框中的"单色"复选框，会将滤镜应用于图像中的色调元素，不会改变图像颜色。

6.1.3　应用要点3：“波浪”滤镜实现图像的快速变形

“波浪”滤镜可以在图像上创建波状起伏的图案，类似于水面的波纹。应用“波浪”滤镜处理图像时，可以对“波浪”对话框中的选项进行设置，以控制产生的波浪的强度、类型等。执行“滤镜＞扭曲＞波浪”菜单命令，即可打开如右图所示的“波浪”对话框。在该对话框中设置选项时，可以通过对话框右侧的缩览图即时查看在图像中应用滤镜后的效果。根据该预览效果，用户可以反复调整选项值，直至得到满意的图像效果。

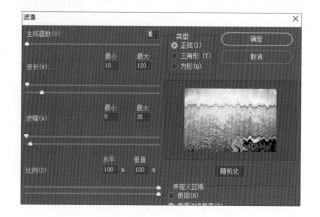

如下左图所示，打开的素材是一张海面风光照片，要为这张照片的海面部分添加波浪效果。使用选框工具选取海面部分，执行“滤镜＞扭曲＞波浪”菜单命令，在打开的对话框中设置选项，如下中图所示。设置后单击“确定”按钮，可以看到应用滤镜后得到的扭曲的海面波浪效果，如下右图所示。

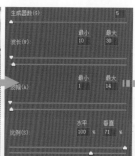

很多老照片因为年代久远、保存不当，在照片中会留下一些折痕、磨损等。在 Photoshop 中，如果需要在新拍的照片中添加这类效果，可以使用“波浪”滤镜扭曲图像，在图像中添加拉丝纹理。如右图所示的这张照片，可使用“波浪”滤镜扭曲图像，并通过更改图层混合模式添加做旧的纹理效果。

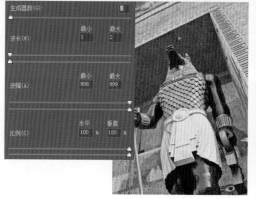

6.1.4 示例：将新照片转换为老照片效果

效果图

原 图

素　材：随书资源 \ 素材 \06\01.jpg、02.jpg
源文件：随书资源 \ 源文件 \06\ 将新照片转换为老照片
效果 .psd

01 调整"阴影/高光"

打开素材文件 01.jpg，按下快捷键
Ctrl+J，复制图层。执行"图像＞调整＞阴影 / 高光"
菜单命令，在打开的对话框中设置选项，提亮图像。

02 设置"色相/饱和度"为图像着色

单击"调整"面板中的"色相 / 饱和度"
按钮，新建"色相 / 饱和度 1"调整图层，打开"属
性"面板。这里要将照片转换为暗黄色调效果，因
此勾选"着色"复选框，去除照片颜色。再向右拖
曳"饱和度"滑块，增强颜色饱和度，并拖曳"色相"
滑块至黄色位置，为黑白照片上色。

03 设置"中间调"颜色

单击"调整"面板中的"色彩平衡"按
钮，新建"色彩平衡 1"调整图层，在打开的"属
性"面板中设置颜色值为 -3、-1、+3。

 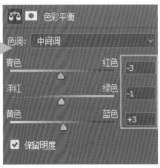

04 设置"阴影"和"高光"颜色

为了让照片的色调过渡更自然，继续对"阴影"和"高光"颜色加以调整。在"色调"下拉列表框中选择"阴影"选项，输入颜色值为 -18、-6、-13，再选择"高光"选项，输入颜色值为 -9、0、-4，向阴影和高光部分增加青色和黄色。

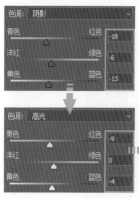

05 运用"渐变工具"填充渐变效果

调整颜色后要为照片添加纹理，单击"图层"面板中的"创建新图层"按钮，新建"图层1"图层。单击工具箱中的"渐变工具"按钮，设置前景色为黑色，在选项栏中选择"前景色到透明渐变"，从图像底部向上拖曳，创建渐变效果。

06 设置"波浪"滤镜扭曲图像

执行"滤镜＞扭曲＞波浪"菜单命令，打开"波浪"对话框。在对话框中设置"生成器数"为1、波长"最小"值为1、"最大"值为6、波幅"最小"值为998、"最大"值为999，比例"水平"和"垂直"值均为100%，设置后单击"确定"按钮。

07 更改图层混合模式

应用滤镜扭曲图像后，在"图层"面板中确保"图层1"图层为选中状态。这里要将添加的拉丝线条融入到背景图像上，因此设置图层混合模式为"柔光"、"不透明度"为30%，Photoshop 将应用设置的图层混合模式混合图像。

08 复制图像更改混合模式

打开素材文件 02.jpg，执行"图像＞调整＞去色"菜单命令，去除素材图像的颜色。选取"移动工具"，把去色后的图像拖曳到人物图像上，得到"图层 2"图层，将图层混合模式设置为"柔光"。

09 设置"添加杂色"滤镜

为了增强颗粒质感，按下快捷键 Shift+Ctrl+Alt+E，盖印图层，得到"图层 3"图层。执行"滤镜＞杂色＞添加杂色"菜单命令，打开"添加杂色"对话框，在对话框中设置选项，为照片添加杂色效果。

6.2 星光特效

　　数码照片的拍摄过程中，有时会通过运用一些特殊的镜头或拍摄手法来营造更有创意的照片效果，如常见的星光特效，如下图所示。在夜景摄影中，经常会出现一种现象，就是画面中的灯光如星星一般发出光芒，给画面增添了无限的魅力。要得到这类特殊效果，可以在相机镜头前加装星光镜来拍摄，也可以在后期处理中使用 Photoshop 中的"画笔工具"和"高斯模糊"滤镜模拟出星光镜头的拍摄效果。

6.2.1 应用要点1：应用"画笔工具"绘制图案

"画笔工具"是 Photoshop 中最为常用的工具之一，在照片处理中，可以使用它来绘制各种不同的图案，如动感的线条、闪亮的星光等，通过绘制图案修复照片或创造特定的照片效果。单击工具箱中的"画笔工具"按钮，会显示如下图所示的"画笔工具"选项栏，在选项栏中可以对画笔的大小、不透明度、流量及填充模式等进行设置。

如右图所示，在 Photoshop 中打开一张夜景照片，选择工具箱中的"画笔工具"，然后在"画笔预设"选取器中选择"星爆 - 小"画笔，将鼠标移到照片中的天空位置，单击即可绘制类似于星光的图案效果。在绘制的过程中，可以调整画笔笔尖的大小，绘制出不同大小的星光图案，得到更自然的星空效果。

使用"画笔工具"进行绘画前，需要在"画笔预设"选取器中选择合适的画笔笔触。单击"画笔工具"选项栏中画笔右侧的"点按可打开'画笔预设'选取器"按钮，即可打开"画笔预设"选取器。在选取器中列出了系统提供的各种画笔，单击即可选中画笔，将笔尖调整为相应的形态。Photoshop 提供了多种预设的画笔类型，但这些画笔在默认状态下并不会都显示在"画笔预设"选取器中。单击"画笔预设"选取器右上角的扩展按钮，在展开的面板菜单中选择相应的画笔类型，可将其载入到"画笔预设"选取器中，如右图所示。

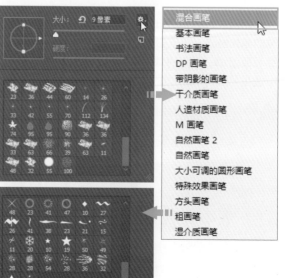

除了使用这些预设的画笔外，也可以从网上下载画笔。将下载的画笔添加到"画笔预设"选取器后，才能将它应用到图像的绘制中。单击"画笔预设"选取器右上角的扩展按钮，在展开的面板菜单中执行"载入画笔"命令，如下左图所示。在打开的"载入"对话框中选择要载入的画笔文件，单击"载入"按钮，如下中图所示。此时会将选择的画笔载入到"画笔预设"选取器中，载入后的效果如下右图所示。

6.2.2　应用要点2：使用"高斯模糊"滤镜模糊图像

"高斯模糊"滤镜可以添加低频细节，使图像呈现朦胧效果。"高斯模糊"滤镜主要通过调整"半径"值来控制模糊的强度。设置的参数值越大，得到的图像模糊效果越强；反之，设置的参数值越小，得到的图像模糊效果越弱。

打开一张拍摄的清晰照片，如下左图所示。执行"滤镜＞模糊＞高斯模糊"菜单命令，打开"高斯模糊"对话框；在对话框中拖曳"半径"滑块，调整图像的模糊程度，如下中图所示。设置后单击"确定"按钮，即可创建模糊的图像效果，如下右图所示。

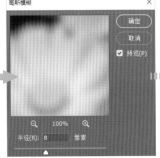

6.2.3 示例：为日落照片添加自然的星光特效

效果图

原图

素　材：随书资源 \ 素材 \06\03.jpg
源文件：随书资源 \ 源文件 \06\ 为日落照片添
　　　　加自然的星光特效 .psd

01 创建新图层

　　打开素材文件 03.jpg，单击"图层"面板
中的"创建新图层"按钮，新建"图层 1"图层，
用于后面绘制星光图案。

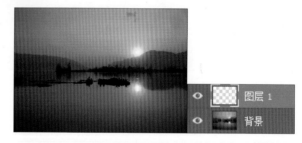

02 选择要载入的画笔

　　选择"画笔工具"，并打开"画笔预设"
选取器，单击右上角的扩展按钮，在展开的菜单
中执行"载入画笔"命令，在打开的"载入"对话
框中选择"星光"笔刷，单击"载入"按钮。

03 载入画笔

　　此时选择的"星光"笔刷被载入到"画笔
预设"选取器中。拖动"画笔预设"选取器右侧的
滚动条至最下方，单击选中想要使用的画笔。

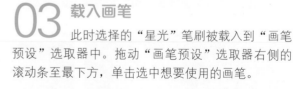

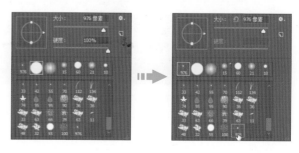

04 运用"吸管工具"吸取颜色

使用选中的画笔绘制星光图案前，单击工具箱中的"吸管工具"按钮✐，将鼠标移至光源边缘位置，单击吸取颜色，设置前景色颜色值为R250、G244、B125。

05 绘制星光图案

在"画笔预设"选取器中将"大小"下方的滑块拖曳至1400像素位置，调整画笔大小，然后在阳光位置单击，绘制星光图案。

06 设置"高斯模糊"滤镜模糊图像

为了让绘制的星光更柔和，执行"滤镜>模糊>高斯模糊"菜单命令，打开"高斯模糊"对话框。在对话框中设置"半径"为2.0像素，单击"确定"按钮，模糊图像。

07 更改图层混合模式

模糊图像后，可看到绘制的光线虽然与下方背景图像的颜色较接近，但感觉是浮在原背景上的。选择"图层1"图层，更改图层混合模式为"滤色"，混合图像。

技巧 缩放预览框中的图像

为了清楚地看到图像模糊后的效果，在"高斯模糊"对话框中，单击预览框下方的"缩小"按钮🔍，可以缩小显示预览框中的图像；单击"放大"按钮🔍，可以放大显示预览框中的图像。

08 复制并旋转图像

按下快捷键 Ctrl+J，复制"图层 1"图层，创建"图层 1 拷贝"图层。按下快捷键 Ctrl+T，打开自由变换编辑框，在选项栏中设置旋转角度为30°，旋转图像，得到更多的星芒图案。

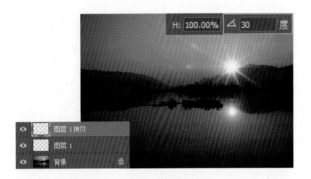

09 设置"高斯模糊"滤镜模糊图像

选中"图层 1 拷贝"图层，执行"滤镜＞模糊＞高斯模糊"菜单命令，打开"高斯模糊"对话框。在对话框中设置"半径"为 15 像素，单击"确定"按钮，模糊图像。

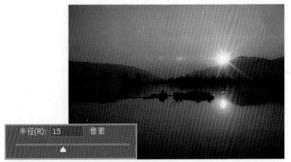

10 更改图层混合模式

在"图层"面板中设置"图层 1 拷贝"图层的混合模式为"滤色"、"不透明度"为 41%，使光芒呈现自然的渐变效果。

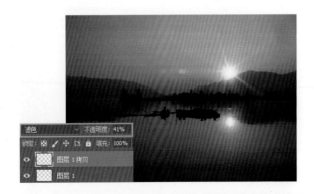

(技巧) 设置图层不透明度

在"图层"面板中，单击"不透明度"右侧的下拉按钮，将展开"不透明度"滑块，向左或向右拖曳滑块，可以调整图层的不透明度。

11 设置"曲线"提亮图像

单击"调整"面板中的"曲线"按钮，新建"曲线 1"调整图层，打开"属性"面板。此处需要将灰暗的图像调亮，所以在曲线上单击并向上拖曳，当拖曳到一定程度后释放鼠标，可得到更明亮的画面效果。

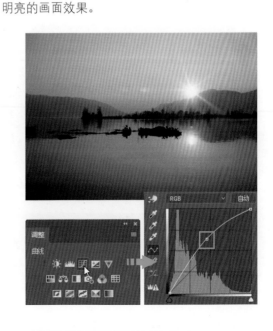

12 调整"色彩平衡"

为了渲染更浓郁的日落氛围，单击"调整"面板中的"色彩平衡"按钮 ，新建"色彩平衡 1"调整图层。在打开的"属性"面板中单击"色调"下拉按钮，选择"阴影"选项，将"青色 - 红色"滑块向红色方向拖曳，增加阴影部分的红色；选择"中间调"选项，将"青色 - 红色"滑块向红色方向拖曳，将"洋红 - 绿色"滑块向洋红方向拖曳，将"黄色 - 蓝色"滑块向黄色方向拖曳，向中间调部分增加红色和黄色；选择"高光"选项，将"青色 - 红色"滑块向红色方向拖曳，将"黄色 - 蓝色"滑块向蓝色方向拖曳，使画面色调更协调。

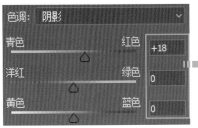
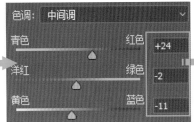
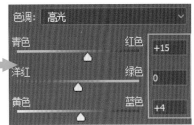

 ## 6.3 光晕特效

光晕往往会为照片带来朦胧的意境美，因此很多摄影爱好者在拍摄照片时会通过光晕特效来表现独具魅力的画面效果。如下图和右图所示的这两张照片，均应用了光晕特效来表现画面。对于一些拍摄经验不足的摄影爱好者来说，如果不能捕捉到想要的光线效果，将难以拍出较漂亮的带光晕效果的照片。这时就可以通过后期处理，在照片中模拟出自然的光晕特效。

6.3.1 应用要点1："镜头光晕"滤镜模拟柔和的光晕效果

Photoshop 中的"镜头光晕"滤镜能够模拟亮光照射到相机镜头时产生的折射，常被用来为照片添加镜头光晕效果。

执行"滤镜＞渲染＞镜头光晕"菜单命令，即可打开如右图所示的"镜头光晕"对话框。在对话框中单击图像缩览图的任意位置或拖曳十字线，指定光晕中心的位置，再通过设置下方的选项，调整光晕的亮度及镜头类型等，可得到更适合当前画面的光晕效果。

如左图所示，打开一张室外拍摄的人像素材照片，执行"镜头光晕"菜单命令后，打开"镜头光晕"对话框；在对话框中把光晕中心移到画面的右上角，向右拖曳"亮度"滑块至 154% 位置，选择"35 毫米聚焦"单选按钮，确认设置后可得到较自然的镜头光晕效果。

默认情况下，在"镜头光晕"对话框中会把光晕的亮度设定为 100%。如果用户需要重新设置光晕亮度，则可以单击并拖曳"亮度"滑块。向左拖曳该滑块，光晕的亮度会降低，光晕效果会变弱；向右拖曳该滑块，光晕的亮度会提高，光晕效果会变得更强。如右图所示的两幅图像分别展示了"亮度"值为 100% 和 150% 时生成的光晕效果。

"镜头光晕"对话框还提供了"50-300毫米变焦""35毫米聚焦""105毫米聚焦"和"电影镜头"4种镜头类型。这4种不同类型的镜头能够满足在不同风格的照片中添加光晕的需求。

如左图所示的4幅图像分别展示了在照片中应用不同镜头类型时得到的图像效果。

6.3.2　应用要点2：使用"径向模糊"滤镜获取柔化的模糊效果

"径向模糊"滤镜能够模拟前后移动或旋转相机拍摄所产生的一种柔化的模糊效果，常用来模拟散射的光线或变焦爆炸效果。使用"径向模糊"滤镜模糊图像时，可以在"径向模糊"对话框中拖曳"中心模糊"区域中的图案，指定模糊的原点，并且可以选择不同的模糊方法和模糊品质，以控制最终产生的模糊效果。

打开一张照片，复制图像，执行"滤镜＞模糊＞径向模糊"菜单命令，打开"径向模糊"对话框。默认情况下，Photoshop会选择"旋转"模糊方法。如右图所示，在对话框右侧的"中心模糊"区域单击，将模糊的中心点放在画面中间的紫色花朵处，拖曳"数量"滑块，调整模糊的强度；设置后应用滤镜，可以看到以指定的花朵为中心点，沿同心圆环线模糊了图像。

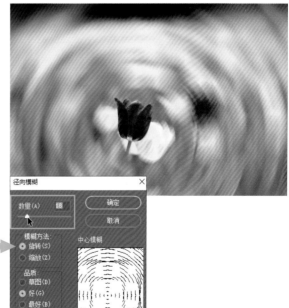

"径向模糊"对话框提供了两种模糊照片的方法，分别为"旋转"和"缩放"。若选择"缩放"单选按钮，则图像会以径向线模糊，如同放大或缩小图像。如左图所示，仍然设置"数量"为18，但是选择"缩放"单选按钮，更改模糊方法为"缩放"；设置后可以看到以指定的花朵为中心点，沿径向线模糊了周边的图像。

6.3.3　示例：为照片添加柔和的镜头光晕效果

素　材：随书资源\素材\06\04.jpg

源文件：随书资源\源文件\06\为照片添加柔和的镜头光晕效果.psd

01　设置"阈值"调整图像

打开素材文件04.jpg，按下快捷键Ctrl+J，复制得到"图层1"图层。执行"图像>调整>阈值"菜单命令，打开"阈值"对话框，在对话框中设置"阈值色阶"为225，单击"确定"按钮。

02 应用"色彩范围"创建选区

执行"选择>色彩范围"菜单命令，打开"色彩范围"对话框。这里需要选择亮度较高的白色，用于后面创建散射的光线效果，所以使用"吸管工具"在白色的背景位置单击，然后单击"确定"按钮。

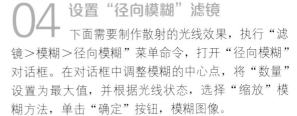

03 复制选区中的图像

返回图像窗口，此时根据设置的选择范围，创建了选区。隐藏"图层 1"图层，选择"背景"图层，按下快捷键 Ctrl+J，复制选区中的图像，得到"图层 2"图层。

04 设置"径向模糊"滤镜

下面需要制作散射的光线效果，执行"滤镜>模糊>径向模糊"菜单命令，打开"径向模糊"对话框。在对话框中调整模糊的中心点，将"数量"设置为最大值，并根据光线状态，选择"缩放"模糊方法，单击"确定"按钮，模糊图像。

05 编辑图层蒙版

为了让添加的光线效果更加自然，单击"添加图层蒙版"按钮，为"图层 2"图层添加图层蒙版。选择"画笔工具"，降低画笔的不透明度和流量，在部分树干位置涂抹，隐藏光线效果。

06 渲染"镜头光晕"效果

新建"图层 3"图层，将图层填充为黑色，执行"滤镜＞渲染＞镜头光晕"菜单命令，打开"镜头光晕"对话框。为了表现秋日暖阳的效果，设置"镜头类型"为"50-300 毫米变焦"暖色调光源、"亮度"为 85%，单击"确定"按钮，渲染光晕效果。

07 更改图层混合模式

返回图像窗口，在"图层"面板中选中"图层 3"图层，设置图层的混合模式为"滤色"、"不透明度"为 85%，将光晕图层融合到背景图像上，得到较柔和的镜头光晕效果。

08 设置"色阶"调整明暗

新建"色阶 1"调整图层，打开"属性"面板。在面板中设置色阶值为 0、1.25、255，提亮中间调部分；再选择"红"通道，设置色阶值为 1、1.15、255，提亮该通道中的图像，得到更温暖的色调效果。

09 使用"可选颜色"修饰颜色

新建"选取颜色 1"调整图层，打开"属性"面板。在面板中默认会选择"红色"选项，拖曳下方的油墨滑块，控制油墨比例，加强红色，渲染更温暖的秋日景象。

6.4 绘画艺术特效

绘画利用线条和色彩表现生活中色调鲜艳、多种多样的事物。在 Photoshop 中可以利用一些滤镜将拍摄的照片转换为特殊的绘画艺术作品。在将照片转换为绘画作品时，可以通过单个滤镜完成，也可以将多个滤镜结合起来使用，得到更为逼真的画面效果。

6.4.1 应用要点1：用"滤镜库"叠加多种滤镜效果

"滤镜库"提供了多种特殊效果滤镜的预览，可以在图像中同时应用多个滤镜、打开或关闭滤镜的效果、更改滤镜应用的顺序等。如果对滤镜效果不满意，可以反复调整滤镜的应用方式，得到满意的效果后，再将它应用于图像。执行"滤镜＞滤镜库"菜单命令，即可打开"滤镜库"对话框，如右图所示。该对话框的左侧为预览框，用于预览应用滤镜后的图像效果，也可以通过按 Ctrl++ 和 Ctrl+- 键缩放预览框中的图像；中间部分为滤镜类型和滤镜缩览图，右侧为所选滤镜的选项。

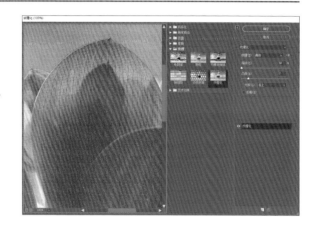

"滤镜库"中记录了上一次执行该滤镜时所应用的滤镜选项，显示在"滤镜库"对话框右下角的滤镜效果图层列表中。默认情况下，初次执行"滤镜库"命令时，要应用的滤镜效果图层列表中仅包含当前选择的一个滤镜。如左图所示，单击对话框中间"艺术效果"滤镜组下的"海报边缘"滤镜，再在对话框右侧设置滤镜选项，即可在左侧的预览框中看到应用滤镜后的图像效果。

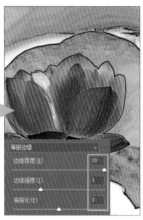

使用"滤镜库"编辑图像时，可以通过叠加的方式将多种不同的滤镜同时应用于图像中。单击"滤镜库"右下角的"新建效果图层"按钮，可创建多个效果图层，即同时添加多个滤镜对图像进行编辑；添加多个滤镜后，如果需要删除无用的效果图层，只需单击滤镜效果图层列表中的滤镜名称，然后单击下方的"删除效果图层"按钮即可。

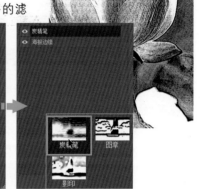

打开素材照片，对其应用"海报边缘"滤镜后，还可对它应用更多的滤镜叠加效果。如右图所示，单击滤镜效果图层列表下方的"新建效果图层"按钮，会自动创建一个"海报边缘"效果图层，如果需要更换滤镜效果，则单击"滤镜库"中需要应用的滤镜，单击后可以看到新创建的"海报边缘"效果图层名更改为所选的滤镜名，同时在图像预览框中可查看应用新滤镜后的图像效果。

6.4.2　应用要点2：用"素描"滤镜创建手绘效果

"素描"滤镜组中的滤镜可以将图像的部分区域显示为凸出效果，此滤镜组下的滤镜适合创建美术或手绘外观效果，包括"半调图案""便条纸""粉笔和炭笔""铬黄渐变""绘图笔""基底凸现""石膏效果""水彩画纸""撕边""炭笔""炭精笔""图章""网状"和"影印"14个滤镜。在"滤镜库"对话框中，单击"素描"滤镜组前的三角形按钮，即可展开"素描"滤镜组，其中显示了该滤镜组的所有滤镜名称及滤镜缩览图，如右图所示。除"水彩画纸"滤镜外，"素描"滤镜组中的其他滤镜都是通过设置滤镜选项，将前景色和背景色应用到图像效果中。

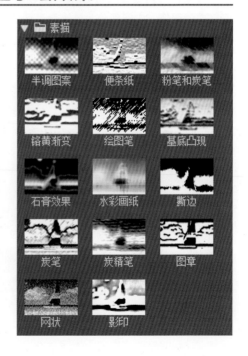

> (技巧)　**创建智能滤镜**
>
> 　　如果不能确定选项值，可以创建智能滤镜编辑图像。在"图层"面板中将图层转换为智能对象图层，然后执行"滤镜"菜单下的滤镜命令，即可创建智能滤镜。智能滤镜的选项值可以随时修改，直到满意为止。

打开一张人像照片，执行"滤镜>滤镜库"菜单命令，打开"滤镜库"对话框。在对话框中单击"素描"滤镜组下的"图章"滤镜，将在对话框右侧显示"图章"滤镜选项，如下图所示。通过设置选项，可以调整"图章"滤镜的处理效果，如右图所示。

6.4.3 应用要点3：用"艺术效果"滤镜模拟绘画质感

"艺术效果"滤镜组下的滤镜大多可以模仿自然或介质的效果，使用这些滤镜可以帮助用户制作绘画效果或艺术效果，包括"壁画""彩色铅笔""粗糙蜡笔""底纹效果""干画笔""海报边缘""海绵""绘画涂抹""胶片颗粒""木刻""霓虹灯光""水彩""塑料包装""调色刀"和"涂抹棒"15个滤镜。单击"滤镜库"对话框中"艺术效果"滤镜组前的三角形按钮，即可展开"艺术效果"滤镜组，在其中可以看到该滤镜组的所有滤镜名称及对应的滤镜效果缩览图，如右图所示。

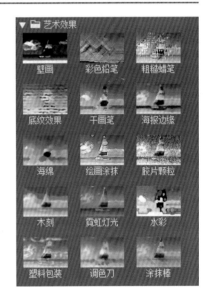

打开一张室内拍摄的静物照片，如左图所示，执行"滤镜>滤镜库"菜单命令，打开"滤镜库"对话框；单击"艺术效果"滤镜组下的"干画笔"滤镜，在对话框右侧设置滤镜选项，应用干画笔技术绘制图像边缘，并对图像进行简化处理，创建类似于干画笔绘制的画面效果。

6.4.4 示例：将照片转换为逼真的素描画效果

效果图

原图

2017.4.20
精品手稿

素　材：随书资源 \ 素材 \06\05.jpg
源文件：随书资源 \ 源文件 \06\ 将照片转换为逼真的素
　　　　描画效果 .psd

01 打开并复制图像

　　执行"文件＞打开"菜单命令，打开素材
文件 05.jpg，按下快捷键 Ctrl+J，复制图像，得到"图
层 1"图层。

02 执行"去色"操作

　　执行"图像＞调整＞去色"菜单命令，去
除照片颜色，将图像转换为黑白效果。按下快捷键
Ctrl+J，复制图像，创建"图层 1 拷贝"图层。

03 反相图像并调整不透明度

　　执行"图像＞调整＞反相"菜单命令，反
相图像，然后设置图层混合模式为"颜色减淡"、"不
透明度"为 80%，混合图像效果。

04 使用"最小值"滤镜处理图像

选中"图层1拷贝"图层，执行"滤镜>其他>最小值"菜单命令，打开"最小值"对话框。在对话框中设置"半径"为3.0像素，单击"确定"按钮，加强图像的边缘轮廓线条。

05 设置混合选项混合图层

在"图层"面板中双击"图层1拷贝"图层缩览图，打开"图层样式"对话框。为了让本层图像与下一图层的图像形成自然的过渡效果，在对话框中按住Alt键拖曳"下一图层"左侧的滑块，调整滑块位置，融合图像。

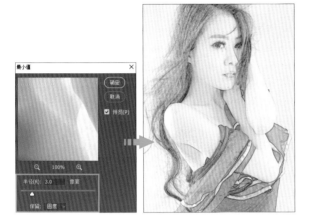

06 设置"海报边缘"滤镜

按下快捷键Shift+Ctrl+Alt+E，盖印图层，生成"图层2"图层。执行"滤镜>滤镜库"菜单命令，打开"滤镜库"对话框。在对话框中单击"艺术效果"滤镜组下的"海报边缘"滤镜，然后观察左侧图像，调整对话框右侧的滤镜选项，进一步加强线条轮廓。

07 添加滤镜效果图层

为了展现特殊的画笔绘制效果，单击"滤镜库"对话框右下角的"新建效果图层"按钮，在滤镜效果图层列表中创建一个新的"海报边缘"效果图层，然后单击"素描"滤镜组下的"绘图笔"滤镜，更改滤镜效果。

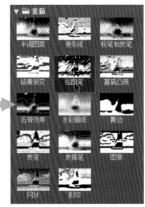

08 设置"绘图笔"滤镜

在"滤镜库"对话框右侧调整滤镜选项，设置"描边长度"为15、"明/暗平衡"为35、"描边方向"为"左对角线"，设置后可以在对话框左侧查看应用滤镜后的效果。

09 更改"不透明度"

确认设置后，返回图像窗口，在"图层"面板中选中"图层2"图层，将此图层的"不透明度"从100%降为65%，使此图层与下方图层更自然地叠加在一起。

10 选择新的滤镜效果

按下快捷键 Shift+Ctrl+Alt+E，盖印得到"图层3"图层。执行"滤镜＞滤镜库"菜单命令，打开"滤镜库"对话框。单击对话框右下角的"删除效果图层"按钮，删除效果图层。为了增强素描绘画质感，单击"纹理"滤镜组下的"纹理化"滤镜。

11 设置"纹理化"滤镜

展开"纹理化"滤镜选项，由于要制作素描绘画效果，因此选择纹理类型为"画布"，设置"缩放"值为50、"凸现"值为7、"光照"值为"右上"，设置后单击"确定"按钮。最后在左下角添加文字，修饰图像。

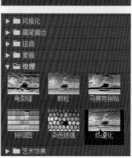

6.5 天气和气氛效果特效

美丽的自然风光总是能够吸引摄影师的视线，在雨、雪、云雾等天气下拍摄的照片，能够渲染出不同的意境氛围，传达出摄影者的情感。但是这些特殊天气下的拍摄技巧较难把握，容易导致照片达不到理想的效果。此时可以在后期处理中使用 Photoshop 的滤镜功能为照片渲染天气和气氛效果。

6.5.1 应用要点1：用"阈值"命令将图像转换为黑白效果

"阈值"命令可以将灰度或彩色图像转换为高对比的黑白图像。应用"阈值"命令调整图像时，可以指定某个色阶作为阈值，图像中所有比阈值亮的像素都将转换为白色，而所有比阈值暗的像素会转换为黑色。打开素材图像，执行"图像＞调整＞阈值"菜单命令，即可打开"阈值"对话框。在对话框中单击并拖曳色阶滑块，或者在"阈值色阶"数值框中输入数值，就可以得到高对比的黑白图像，如右图所示。

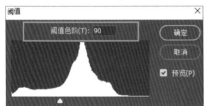

6.5.2 应用要点2：用"点状化"滤镜创建点状绘画

"点状化"滤镜可以将图像中的颜色分解为随机分布的网点，如同点状化绘画一样，并使用背景色作为网点之间的画布区域。此滤镜常与"动感模糊"滤镜结合使用，用于制作下雨或飘雪效果。

打开素材图像，如下左图所示；执行"滤镜＞像素化＞点状化"菜单命令，打开"点状化"对话框，在对话框中通过调整"单元格大小"选项，控制随机分布的网点大小，如下中图所示，设置的"单元格大小"值越大，产生的网点就越大；单击"确定"按钮，应用"点状化"滤镜处理后的图像效果如下右图所示。

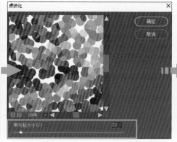

6.5.3 应用要点3：用"动感模糊"滤镜赋予画面动感

"动感模糊"滤镜可以沿指定方向或指定角度模糊图像，作用类似于以固定的曝光时间为一个移动的对象拍照。

打开素材图像，执行"滤镜＞模糊＞动感模糊"菜单命令，打开"动感模糊"对话框；在对话框中提供了"角度"和"距离"选项，设置"角度"选项，调整图像模糊的角度，拖曳"距离"选项，控制模糊的距离，设置后应用滤镜模糊图像，如右图所示。

使用"动感模糊"滤镜模糊图像时，在未创建选区的情况下，它会对整个图像应用模糊效果。如果需要将部分图像恢复为清晰状态，可以使用图层蒙版。如左图所示，为图像添加图层蒙版，然后使用黑色画笔涂抹需要保持清晰状态的图像即可。

6.5.4 示例：为照片添加飘落的雪花效果

效果图

原　图

素　　材：随书资源 \ 素材 \06\06.jpg
源文件：随书资源 \ 源文件 \06\ 为照片添加飘
　　　　落的雪花效果 .psd

01 设置"色阶"提亮图像

打开素材文件 06.jpg，素材照片整体偏暗，
单击"调整"面板中的"色阶"按钮，打开"属性"
面板。在面板中拖曳色阶滑块，提亮灰暗的图像。

02 调整"曲线"美化色彩

为了突出唯美的雪景氛围，单击"调整"
面板中的"曲线"按钮，打开"属性"面板。在
面板中单击并向上拖曳曲线，进一步提亮图像，再
选择"蓝"选项，向上拖曳曲线，加强蓝色。

03 应用"点状化"滤镜

按下快捷键 Shift+Ctrl+Alt+E，盖印图层，
得到"图层 1"图层。执行"滤镜＞像素化＞点状化"
菜单命令，打开"点状化"对话框。在对话框中稍
微向右拖曳"单元格大小"滑块，扩大单元格大小。

04 应用"阈值"命令调整图像

执行"图像＞调整＞阈值"菜单命令，打开"阈值"对话框。在对话框中将"阈值色阶"设置为最大值255，单击"确定"按钮。

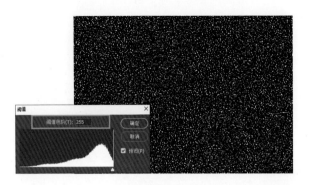

05 更改图层混合模式

在"图层"面板中确保"图层1"图层为选中状态，设置图层混合模式为"滤色"，得到静态的雪花图案。

06 设置"动感模糊"滤镜

执行"滤镜＞模糊＞动感模糊"菜单命令，打开"动感模糊"对话框。在对话框中调整"角度"选项，更改雪花落下的方向，再更改"距离"选项，控制图像的模糊程度。

07 选择画笔

为了让添加的雪花图像更自然，选择"画笔工具"，执行"窗口＞画笔"菜单命令，打开"画笔"面板。在面板中单击"圆曲线"画笔，再在"硬毛刷品质"组中对画笔笔尖属性进行调整。

08 编辑图层蒙版

单击"添加图层蒙版"按钮，为"图层1"图层添加图层蒙版，选择上一步设置好的画笔，降低画笔的"不透明度"和"流量"，在雪花图像所在图层自由涂抹，隐藏部分雪花图像。

6.6 马赛克拼图特效

马赛克拼图特效是指将多幅图像拼合成一幅全新的图片。在数码照片后期处理的过程中，为了创建更特别的画面效果，可以将拍摄的多张照片组合起来，获得非常神奇的马赛克拼图效果。在一些人像照片的处理中经常会运用到马赛克拼图特效。使用 Photoshop 中的联系表功能和"马赛克"滤镜，能够轻松完成马赛克拼图特效的制作。

6.6.1 应用要点1：用动作与批处理实现照片的批量调整

制作马赛克拼图特效通常需要使用大量的素材照片，这些素材照片在拍摄的时候为了方便后期处理，都保留了较大的尺寸，所以在制作马赛克拼图特效前，需要应用动作与"批处理"命令批量处理照片。

执行"窗口＞动作"菜单命令，打开"动作"面板，在"动作"面板中列出了系统预设的动作。用户可以单击"动作"面板底部的"创建新动作"按钮 ，如下左图所示；打开"新建动作"对话框，在对话框中指定动作名称、功能键等，设置后单击"记录"按钮，创建新的动作，如下中图所示。创建新动作后，"动作"面板中的"开始记录"按钮显示为红色，说明后续的操作会被记录在动作中，如下右图所示。

在"动作"面板中，除默认显示的动作外，还有一些隐藏的动作组。单击"动作"面板右上角的扩展按钮 ，在展开的面板菜单中可以看到更多预设的动作组，选择动作组名，就可以将其载入到"动作"面板中，如右图所示。对于"动作"面板中的动作，可以先单击选择动作，再单击面板底部的"播放选定的动作"按钮，应用动作效果。

"批处理"命令主要是对多个图像同时应用一个动作，并为应用动作后的图像重新设置名称，将其存储到指定的文件夹中。

　　如下图所示，执行"文件＞自动＞批处理"菜单命令，打开"批处理"对话框；可以在对话框的"播放"选项组中选择要对图像播放的动作组和动作，在"源"和"目标"选项组中指定批处理的源文件夹和目标文件夹等。设置完成后，单击对话框右上角的"确定"按钮，Photoshop 将根据设置的选项自动进行图像的批处理操作。

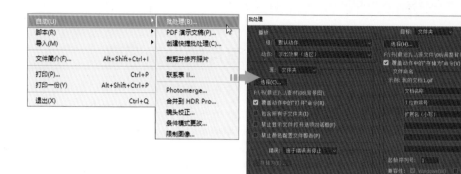

> 技巧　选择处理文件的源文件夹和目标文件夹
>
> 　　在"批处理"对话框中，单击"源"和"目标"下方的"选择"按钮，都可以打开"浏览文件夹"对话框，在该对话框中即可选择需要进行批处理的源图像文件夹和存储处理后图像的目标文件夹。

6.6.2　应用要点2：创建联系表查看照片缩览图

　　联系表可以将多幅图像制作成缩览图并放入同一幅图像内。处理完照片后，如果照片很多，又想快速浏览多张照片处理后的效果，就可以通过创建联系表的方式，将这些图像添加到一幅图像中，以缩览图的形式查看图像效果。

　　执行"文件＞自动＞联系表 II"菜单命令，打开"联系表 II"对话框，如右图所示。在对话框中可以看到很多选项，除了应用默认设置创建联系表外，还可以进行自定义设置，创建个性化的联系表效果。

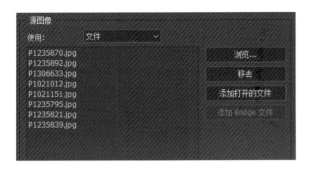

创建联系表前，先要选择所有需要使用的图像。在"联系表 II"对话框的顶部有"源图像"选项组，用于选择要使用的图像。单击"使用"下拉按钮，在展开的下拉列表中可以看到"文件""文件夹"和"打开文档"选项。如果选择"文件"选项，可以添加已打开的文件，也可以单击"浏览"按钮，打开"打开"对话框，在对话框中选择需要使用的文件。

在"使用"下拉列表框中选择"文件夹"选项，则可以指定要使用的源图像文件夹。单击"选取"按钮，如下图所示，将弹出"选择文件夹"对话框，在对话框中可以选择要使用的图像文件夹，如右图所示。设置后在"选取"右侧的文本框中会显示对应的文件夹路径。如果在"使用"下拉列表框中选择"打开文档"选项，则直接选择打开的文件作为源图像。

选择好所有需要使用的图像后，在"文档"选项组中可以指定要创建的联系表的尺寸和颜色等。设置后如果勾选"拼合所有图层"复选框，则创建联系表时所有图像和文本都会位于一个图层上；如果取消勾选，则创建联系表时每幅图像都位于一个单独的图层上，并且每个题注都位于一个单独的文本图层上。在"缩览图"选项组中可以指定缩览图预览的版面效果，选择以横向或纵向排列需要使用的图像，设置后单击"确定"按钮，就可以使用选择的图像创建联系表效果。如下左图所示，设置"宽度"为 1500、"高度"为 700、"列数"为 10、"行数"为 4 时，将以指定宽度和高度创建一个包括 10 列 4 行的联系表图像，效果如下右图所示。

在"文档"选项组中设置"宽度"为 1500、"高度"为 1200，然后在"缩览图"选项组中设置"列数"为 8、"行数"为 5，如下左图所示；单击"联系表 II"对话框中的"确定"按钮，将以指定宽度和高度创建一个包括 8 列 5 行的联系表图像，效果如下右图所示。

技巧　使用自动间距

在"联系表 II"对话框中勾选"缩览图"下的"使用自动间距"复选框时，Photoshop 会在联系表中自动分配缩览图间距。

6.6.3　应用要点3：用"马赛克"滤镜制作马赛克拼贴效果

使用"马赛克"滤镜可将图像中的像素结为方块，并且方块中的像素颜色相同，方块颜色代表选区中的颜色。在"马赛克"对话框中，主要利用"单元格大小"选项控制生成的方块大小，设置的参数值越大，得到的方块也就越大。

打开素材图像，如下左图所示；执行"滤镜＞像素化＞马赛克"菜单命令，打开"马赛克"对话框，在该对话框中拖曳"单元格大小"滑块，或者在右侧的文本框中输入准确的数值，如下中图所示；设置后单击"确定"按钮，即可创建马赛克效果，如下右图所示。

6.6.4 示例：打造酷炫的马赛克拼图效果

效果图

原 图

素　材：随书资源 \ 素材 \06\07.jpg、"背景图"文件夹
源文件：随书资源 \ 源文件 \06\ 打造酷炫的马赛克拼图效果 .psd

01 创建动作组

打开"动作"面板，单击面板中的"创建新组"按钮■，打开"新建组"对话框。在对话框中设置选项，单击"确定"按钮，创建新的动作组。

02 创建新动作

单击"创建新动作"按钮，打开"新建动作"对话框。在对话框中输入动作名，单击"确定"按钮，创建并开始记录新动作。

03 调整图像大小

打开"背景图"文件夹下的 01.jpg，执行"图像>图像大小"菜单命令，打开"图像大小"对话框。在对话框中将"宽度"设置为 50 像素，单击"确定"按钮，调整图像大小。

04 裁剪画布

执行"图像>画布大小"菜单命令，在打开的"画布大小"对话框中设置"宽度"和"高度"为 50 像素，单击"确定"按钮，在弹出的提示框中单击"继续"按钮，裁剪画布。

05 存储编辑后的图像

执行"文件>存储为"菜单命令，在打开的"另存为"对话框中指定调整后图像的存储位置和格式，单击"确定"按钮，打开"JPEG 选项"对话框，在对话框中单击"确定"按钮，存储图像。

06 完成动作记录

打开"动作"面板，单击面板底部的"停止播放/记录"按钮■，停止记录动作。

07 设置"批处理"选项

执行"文件>自动>批处理"菜单命令，打开"批处理"对话框。在对话框中设置各选项，单击"确定"按钮，批量调整照片尺寸。

08 设置"联系表II"选项

执行"文件>自动>联系表 II"菜单命令，打开"联系表 II"对话框。在对话框中的"源图像"选项组下将"使用"设置为批处理后的照片文件夹，在"文档"选项组中指定"宽度"为 400、"高度"为 140、"分辨率"为 300 像素/厘米，在"缩览图"下方设置"列数"为 9、"行数"为 3，取消"使用自动间距"复选框的选中状态，设置间距为 1px。

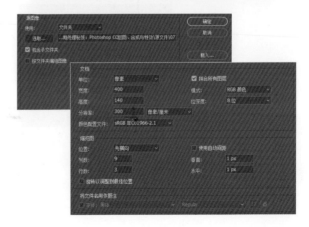

09 创建联系表效果

设置后单击"确定"按钮，以选择的所有图像为基础，创建一幅包括 9 列 3 行的联系表图像。

10 新建文件并复制图像

执行"文件>新建"菜单命令，新建文档。创建"组 1"图层组，将联系表复制到图层组中，然后连续按下快捷键 Ctrl+J，复制多个图层组。

11 盖印图层并调整图像

选择"移动工具"，调整图像位置，应用图像填充背景。盖印图层，得到"图层 1"图层。打开素材文件 07.jpg，将其复制到制作好的背景图像上，得到"图层 2"图层，并调整图像至合适的大小。

12 设置"色阶"加强对比效果

执行"图像>调整>色阶"菜单命令，打开"色阶"对话框。为了加强对比效果，将黑色滑块向右拖曳至 4 位置，降低阴影部分的亮度，再将白色滑块向左拖曳至 210 位置，提高高光部分的亮度。

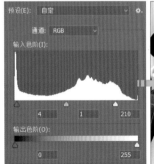

13 调整"阴影"亮度

执行"图像＞调整＞阴影／高光"菜单命令，打开"阴影／高光"对话框。在对话框中设置阴影"数量"为50，单击"确定"按钮，提亮阴影。

14 设置"马赛克"滤镜

执行"滤镜＞像素化＞马赛克"菜单命令，打开"马赛克"对话框。为了弱化细节，突出人物的外形轮廓，这里设置"单元格大小"参数值为30，单击"确定"按钮，制作马赛克效果。

15 更改图层混合模式

在"图层"面板中选中"图层1"图层，按下快捷键Ctrl+J，复制图层，创建"图层1拷贝"图层，并将其图层混合模式更改为"柔光"，在图像上叠加前面制作好的背景图。

16 调整"色阶"和"色相/饱和度"

新建"色阶1"调整图层，打开"属性"面板。在面板中设置色阶值为6、0.80、255，调整图像的明暗。设置后图像颜色太鲜艳，创建"色相／饱和度1"调整图层，在打开的"属性"面板中设置"饱和度"为-40，降低饱和度，完成本实例的制作。

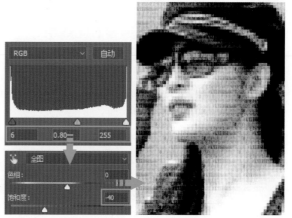

第7章
人像照片的特效与合成应用

　　人像照片的后期处理不仅仅局限于修复人物瑕疵、调整照片色彩等常见的应用，在很多人像照片的处理过程中，为了达到某些特定的效果，也会用到图像的合成与特效制作。本章将选择多张不同风格的人像照片，通过将其与不同的图像拼合的方式，对照片进行艺术化的编辑，创建更有新意的图像效果。

7.1 利用人像照片制作唯美人物特效

本实例将根据照片中甜美的人物特征，使用"钢笔工具"将脸部区域抠取出来，转换为单一的蓝色调风格，并运用"色彩范围"命令抠取部分花朵素材，将它叠加到人物图像上，花朵的衬托让人物呈现出更柔美的状态，再加上后期的润色，打造出超现实的唯美风格画面效果。

素　材：随书资源 \ 素材 \07\
　　　　01.jpg ～ 05.jpg、睫毛 .abr
源文件：随书资源 \ 源文件 \07\ 利用人像照片
　　　　制作唯美人物特效 .psd

01 创建新文档并复制图像

执行"文件＞新建"菜单命令，新建文档。打开素材文件 01.jpg，将打开的图像复制到新建的文档中，得到"图层 1"图层，然后调整图像的大小，填满整个画布。

02 添加并编辑图层蒙版

选中"图层 1"图层，添加图层蒙版，然后选择工具箱中的"画笔工具"，选择"柔边圆"画笔，设置前景色为黑色，在图像右下角位置涂抹，隐藏涂抹区域的背景图像。

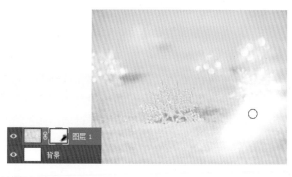

03 使用"钢笔工具"绘制路径

打开素材文件 02.jpg,将打开的人物图像复制到新建文档中,得到"图层 2"图层。为了方便管理和编辑图像,创建"人像"图层组,将"图层 2"图层移到该图层组中。由于本实例只需要人物脸部区域,因此先用"钢笔工具"沿人物脸部边缘绘制工作路径。

04 将路径转换为选区

单击"路径"面板中的"将路径作为选区载入"按钮,或按下快捷键 Ctrl+Enter,将路径转换为选区,选取脸部区域。单击"图层"面板中的"添加图层蒙版"按钮,隐藏选区外的图像。

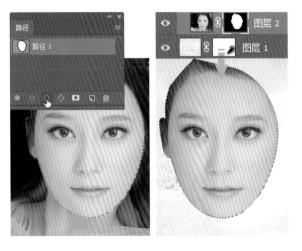

05 使用"画笔工具"编辑图层蒙版

为了让人物脸部边缘过渡得更柔和,单击"画笔工具"按钮,在选项栏中选择"柔边圆"画笔,将"不透明度"降低至 50%,运用黑色画笔涂抹脸部边缘位置。

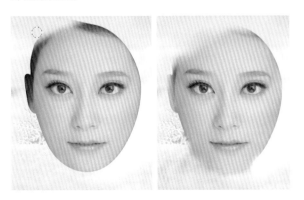

06 载入选区设置图层蒙版

选中"图层 2"图层,打开"路径"面板,选中路径,单击"将路径作为选区载入"按钮,载入人物脸部选区。按下快捷键 Ctrl+J,生成"图层 3"图层,显示完整的脸部轮廓。

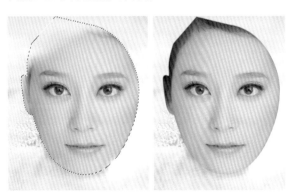

07 调整图像颜色

载入脸部选区，新建"色相/饱和度1"调整图层。为了让画面的色调更统一，可以适当降低颜色饱和度。单击并向左拖曳"饱和度"滑块，设置参数值为-52。

08 继续调整颜色并修饰睫毛

继续载入脸部选区，结合"调整"面板和"属性"面板，调整人物脸部区域的颜色。设置后载入"睫毛"笔刷，将颜色设置为与眼睛边缘相近的颜色，创建新图层，在两只眼睛上方单击，绘制出更纤长的睫毛。

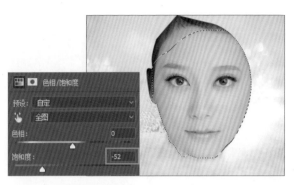

09 复制图像

打开素材文件03.jpg，选择"移动工具"，将打开的图像复制到处理好的人物图像上方，在"图层"面板中得到"图层6"图层，再执行"编辑>变换>垂直翻转"菜单命令，垂直翻转图像。

10 载入选区并编辑图层蒙版

添加新图层后，遮挡了下方的人物图像，需要将它重新显示出来。为"图层6"图层添加图层蒙版。按住Ctrl键不放，单击"图层2"图层蒙版缩览图，载入脸部选区。按下快捷键Alt+Delete，将蒙版选区填充为黑色，显示被遮挡的脸部，然后选择"画笔工具"，并设置前景色为黑色，运用画笔涂抹脸部右侧和底部的背景图像，将人物图像拼合到蓝色背景中。

> **技巧 等比例缩放图像**
>
> 使用自由变换编辑框缩放图像时，将鼠标移到编辑框任意一角位置，当鼠标指针变为双向箭头时，按住Shift键单击并拖曳，可等比例缩放图像。

11 复制图层并编辑图层蒙版

选择"图层6"图层，按下快捷键Ctrl+J，复制图层，得到"图层6拷贝"图层。执行"编辑＞变换＞垂直翻转"菜单命令，垂直翻转图像。为了让复制的图像与上方图像融合，使用黑色画笔涂抹图像左侧，隐藏一部分图像。

12 设置"色彩范围"选择图像

打开素材文件04.jpg，素材中红色的花朵与深绿色的背景形成了鲜明对比，适合用"色彩范围"命令抠取。执行"选择＞色彩范围"菜单命令，打开"色彩范围"对话框，使用"添加到取样"工具在需要选择的花朵图像上连续单击，单击"确定"按钮，创建选区。

13 将选区图像抠出并放在脸部左侧

选择"移动工具"，将选区中的花朵拖曳至新建的文档中，得到"图层7"图层。由于后面需要创建叠加的花朵效果，为了方便管理和编辑花朵图层，在"图层"面板中创建"花朵"图层组，将"图层7"图层移入"花朵"图层组中。

14 编辑图层蒙版

查看添加到画面中的花朵图像，发现其边缘不够干净，而且有部分是多余的。为了让图像更完整、干净，单击"添加图层蒙版"按钮，添加图层蒙版；选择"画笔工具"，适当调整其"不透明度"，运用黑色画笔涂抹花朵边缘及多余的花朵部分。

15 复制图像设置叠加的花朵效果

选中"图层7"图层，连续按下快捷键Ctrl+J，复制多个花朵图像，然后调整其位置。结合"画笔工具"和图层蒙版，控制图层中花朵图像的显示与隐藏范围，得到重叠排列的花朵效果。

16 调整花朵的颜色

添加多个花朵图像后，发现粉色的花朵与整个画面的色调不协调。新建"色相/饱和度1"调整图层，调整"色相"及"饱和度"，将花朵转换为单一的蓝色调。再利用"色阶"调整图像，加强对比效果。

17 创建图层蒙版融合图像

打开素材文件05.jpg，将打开的图像复制到人物图像的右上角位置，在"图层"面板中生成"图层8"图层。为了让添加的图像与人物图像融合，单击"添加图层蒙版"按钮，添加图层蒙版；选择"画笔工具"，设置前景色为黑色，运用"柔边圆"画笔涂抹添加的雪花图像。

18 添加并融合更多的图像

再次打开素材文件01.jpg，这里只需将画面中的部分雪花复制到人物上方，因此选用"套索工具"选取需要复制的雪花图像，然后将其复制到人物图像上，得到"图层9"图层。采用与上一步相同的方法，添加并编辑图层蒙版，融合图像。

19 使用"滤镜库"处理图像

按下快捷键 Shift+Ctrl+Alt+E，盖印图层，执行"滤镜＞滤镜库"菜单命令，打开"滤镜库"对话框。这里需要将图像转换为手绘效果，先单击"纹理化"滤镜，设置纹理化选项，增强纹理质感；再单击"粗糙蜡笔"滤镜，设置选项，转换为蜡笔绘制效果。

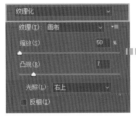

20 设置多个滤镜效果

应用滤镜效果后，再次盖印图层。执行"滤镜＞滤镜库"菜单命令，打开"滤镜库"对话框。为了增强绘画质感，分别单击"绘画涂抹"和"海报边缘"滤镜，然后在右侧设置滤镜选项，设置后单击"确定"按钮，应用滤镜效果。

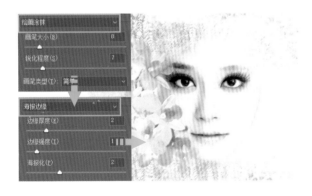

21 更改图层混合模式

应用滤镜效果后，可以看到画面给人感觉太亮，高光部分的细节损失较大。选择盖印的"图层 11"图层，降低图层的"不透明度"至 25%，提高此图层中图像的透明度，显示下方的图像细节。

(技巧) 调整滤镜选项

使用智能滤镜编辑图像后，双击"图层"面板中图层下的滤镜名称，将打开对应的滤镜对话框，在对话框中可以重新调整滤镜选项。

22 应用"液化"滤镜修饰脸型

　　素材照片中人物的脸型偏胖，为了塑造更精致的小脸效果，盖印图层，执行"滤镜＞液化"菜单命令，打开"液化"对话框。在对话框中展开"人脸识别液化"选项卡，设置选项，修饰人物的脸型和嘴唇的形状。

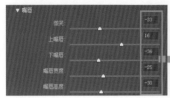
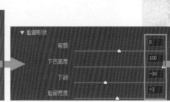

23 使用"套索工具"抠取图像

　　选择"套索工具"，在脸部右侧单击并拖曳鼠标，创建选区，选择脸部边缘位置。按下快捷键 Ctrl+J，复制图层，得到"图层 13"图层。

24 应用"变形"命令变形图像

　　执行"编辑＞变换＞变形"菜单命令，打开变形编辑框，变形图像，然后将其移至原图像上方位置，修饰脸部边缘轮廓。

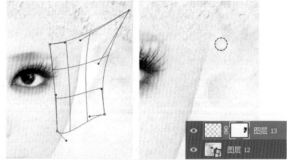

25 使用调整图层调整颜色

　　为了让画面的颜色更干净，创建"色相／饱和度 3""色相／饱和度 4"调整图层和"颜色填充 2"填充图层，对图像进行后期润色，完成本实例的制作。

7.2　合成漂亮的丛林蝴蝶仙子

　　本实例将学习合成一幅漂亮的蝴蝶仙子人像。在处理的过程中，为了营造神秘感，选择与丛林相关的花卉图像作为背景，在背景中通过应用通道抠取半圆形的月亮图像，并使用混合模式在其上添加星光装饰，然后结合使用"钢笔工具"和"色彩范围"命令抠取人物图像，将它放置到处理好的背景中。此外，为了突出主题，使用"磁性套索工具"把蝴蝶图像抠出，复制到人物图像上方，通过调整颜色使其与背景融合。

素　材：随书资源 \ 素材 \07\06.jpg ～ 13.jpg
源文件：随书资源 \ 源文件 \07\ 合成漂亮的丛林蝴蝶仙子 .psd

01　使用"高斯模糊"滤镜模糊图像

　　新建文档，打开素材文件 06.jpg，将打开的图像复制到新建的文档中，得到"图层 1"图层。素材图像因为清晰度过高，显得有些凌乱。执行"滤镜＞模糊＞高斯模糊"菜单命令，打开"高斯模糊"对话框，设置"半径"为 8.0 像素，单击"确定"按钮，模糊图像，减弱景深效果。

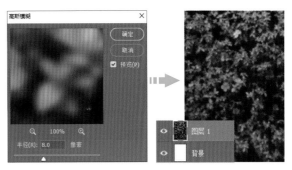

02　设置"曲线"调整亮度

　　为了让背景给人感觉更干净，可以适当降低图像的亮度。新建"曲线 1"调整图层，打开"属性"面板，在面板中单击并向下拖曳曲线。

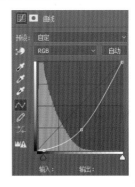

03 调整背景颜色

新建"色阶 1"调整图层，向右拖曳灰色滑块，进一步降低图像亮度，再将白色滑块向左拖曳，提亮高光，加强对比。设置后为了让图像颜色更漂亮，新建"色彩平衡 1"调整图层，分别选择"高光"和"中间调"色调，调整青色、黄色及绿色，将图像转换为清新的蓝绿色调效果。

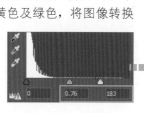
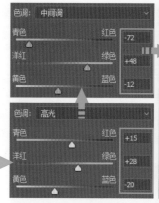

04 载入通道选区

打开素材文件 07.jpg，切换到"通道"面板，在面板中可以看到"红"通道中的图像黑白对比较为明显。这里要抠出月亮图像，可以按住 Ctrl 键不放，然后单击"红"通道缩览图，将通道中的图像作为选区载入，载入后即可看到已选中半透明的月亮部分。

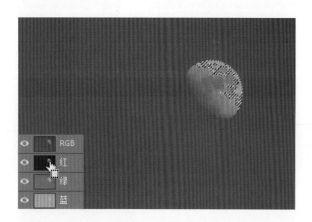

05 抠取选区中的图像

按下快捷键 Ctrl+J，复制选区中的图像，得到"图层 1"图层。隐藏"背景"图层，能够看到抠出的图像效果。为了避免选中多余的背景，选择"套索工具"，沿月亮边缘单击并拖曳鼠标，创建选区，只选取中间的月亮区域。按下快捷键 Ctrl+J，复制选区中的图像，得到"图层 2"图层，抠出完整的月亮图像。

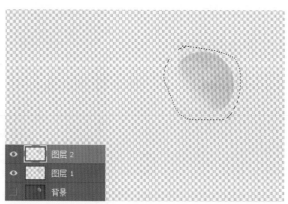

> **技巧 载入通道选区**
>
> 在 Photoshop 中，要将通道中的图像载入为选区，可以按住 Ctrl 键单击通道缩览图，也可以选择通道后，单击"通道"面板下方的"将通道作为选区载入"按钮■。

06 设置"高斯模糊"滤镜效果

将抠出的月亮图像复制到背景图像的左上角，为了让图像边缘不那么生硬，执行"滤镜＞模糊＞高斯模糊"菜单命令，打开"高斯模糊"对话框，设置半径为8.0像素，单击"确定"按钮，模糊图像。

07 复制图像并更改混合模式

打开素材文件08.jpg，并将其复制到处理后的背景上，得到"图层3"图层。调整图像的角度和大小，更改图层混合模式为"明度"，拼合图像。

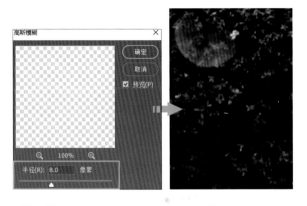

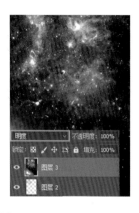

08 创建剪贴蒙版拼合图像

此处只需让月亮上方有星光效果，其他区域的星光则要隐藏起来。选择"图层3"图层，执行"图层＞创建剪贴蒙版"菜单命令，创建剪贴组，在剪贴组中将超出月亮边缘的部分隐藏。

09 设置图层混合选项

双击"图层3"图层的缩览图，打开"图层样式"对话框。按住Alt键不放，单击"本图层"左侧的黑色滑块，调整图层混合效果，使添加的星光图像与下方图层自然融合。

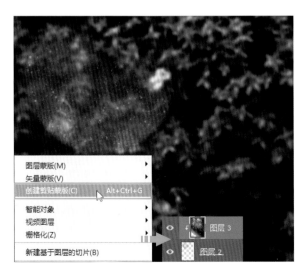

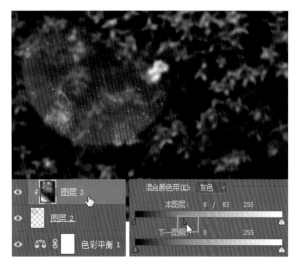

10 调整图像颜色

添加星光图像后，发现图像的颜色很淡，不是很明显。为了突出星光部分，按住 Ctrl 键不放，单击"图层 2"图层缩览图，载入月亮选区，然后在"图层 3"图层上方创建合适的调整图层，调整选区中的图像颜色，将蓝色的星光图像转换为金黄色效果。

11 绘制路径并转换为选区

打开素材文件 09.jpg，这里需要将照片中的人物图像抠取出来。选择"钢笔工具"，沿着人物图像边缘单击并拖曳鼠标，绘制工作路径，按下快捷键 Ctrl+Enter，将路径转换为选区。

12 抠出选区中的人物

按下快捷键 Ctrl+J，复制选区中的人物图像。由于"钢笔工具"不适合抠取发丝，因此在前面绘制路径时，绕开了头发边缘，扩大了选择范围，将头发旁边的背景也抠出了。下面需要进一步抠取发丝部分，先使用"吸管工具"吸取头发旁边的背景颜色。

13 选择发丝旁边的背景

执行"选择>色彩范围"菜单命令，打开"色彩范围"对话框。为了确保选中头发旁边的所有背景，选择"添加到取样"工具，在发丝旁边的背景位置连续单击，扩大要选择的图像范围。设置后单击对话框右上角的"确定"按钮，创建选区，选中头发旁的多余背景。

14 使用"橡皮擦工具"擦掉多余背景

选用"橡皮擦工具",在"画笔预设"选取器中单击"硬边圆"画笔,将鼠标移到额头位置涂抹,擦除选区中的背景图像,抠出更精细的发丝效果。再使用"橡皮擦工具"擦除人物帽子边缘的黑边,抠出更干净的人物图像。

15 复制人物图像并调整颜色

选择"移动工具",把抠出的人物拖曳到新的背景中,得到"图层4"图层。创建"人物"图层组,将"图层4"图层拖入该图层组中。观察整体效果,发现人物的颜色与背景不是很协调,因此创建调整图层调整人物部分的颜色。

16 使用"画笔工具"绘制翅膀图案

载入"翅膀"笔刷,设置前景色为白色,创建新图层,在人物背后单击,绘制翅膀图案。为了让绘制的翅膀与人物所处的角度一致,执行"编辑>变换>透视"菜单命令,调整翅膀的透视角度,然后旋转图像,调整翅膀的角度。

17 设置"外发光"样式

白色的翅膀给人感觉太亮,要让它与背景融合,可以为其添加黄色发光效果。双击图层缩览图,打开"图层样式"对话框,在对话框中勾选"外发光"样式,将发光源颜色设置为黄色。复制翅膀图像,并将其水平翻转,制作完整的翅膀图像。

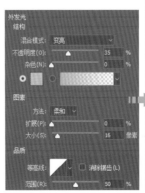 

18 使用"磁性套索工具"抠取蝴蝶

打开素材文件 10.jpg，图像中蝴蝶颜色与背景色彩反差较大，因此适合用"磁性套索工具"抠取。选择该工具后，在选项栏中降低"宽度"和"对比度"，提高"频率"，沿蝴蝶边缘单击并拖曳鼠标，创建选区。

19 收缩选区效果

为了避免抠出的图像中有多余的背景，执行"选择>修改>收缩"菜单命令，打开"收缩选区"对话框。这里只需稍微向内收缩一点，所以设置"收缩量"为 1 像素即可。设置后单击"确定"按钮，收缩选区。

20 复制抠出的蝴蝶并添加投影

选择"移动工具"，把抠出的蝴蝶图像复制到人物头部的上方，并调整到合适的大小。为了让添加的蝴蝶显得更真实，双击图层缩览图，打开"图层样式"对话框。在对话框中设置"投影"样式，为蝴蝶添加投影效果。

21 调整蝴蝶颜色

从画面的整体效果来看，蝴蝶的亮度、颜色与深色的背景不是很协调。按住 Ctrl 键不放，单击图层缩览图，载入蝴蝶选区，然后通过创建调整图层，对图像进行润色，使添加到画面中的蝴蝶颜色与画面整体色彩更统一。

22 盖印并复制更多的蝴蝶图像

选中蝴蝶所在图层及其上方的调整图层，按下快捷键 Ctrl+Alt+E，盖印图层。按下快捷键 Ctrl+J，复制图像，得到更多的蝴蝶图像，然后使用"移动工具"移动图层中的图像，将蝴蝶放在不同的位置。

23 使用"磁性套索工具"抠取蝴蝶

打开素材文件 11.jpg，单击"磁性套索工具"按钮，沿着画面中的蝴蝶图像边缘单击并拖曳，创建选区，选择图像。

24 调整选区并复制选区中的蝴蝶图像

执行"选择>修改>收缩"菜单命令，打开"收缩选区"对话框，设置"收缩量"为 1 像素，单击"确定"按钮，收缩选区。按下快捷键 Ctrl+J，即可抠出选区中的蝴蝶图像。将抠出的蝴蝶图像复制到人物手部的上方，并添加投影。

25 调整蝴蝶颜色

为了让画面颜色更统一，这里同样需要更改蝴蝶颜色。按住 Ctrl 键不放，单击"图层7"图层缩览图，载入蝴蝶选区。新建"色相/饱和度2"调整图层，打开"属性"面板，并在面板中设置"色相/饱和度"选项，将蝴蝶翅膀更改为鲜艳的红色。

26 复制更多的蝴蝶图像

盖印调整后的蝴蝶图像，并将其多次复制，然后分别调整各图层中蝴蝶的大小和位置。创建调整图层，调整部分蝴蝶的颜色。打开素材文件 12.jpg，使用同样的方法，复制蝴蝶图像并添加到人物图像上，得到更多飞舞的蝴蝶效果。

27 执行"色彩范围"命令

打开素材文件 13.jpg，这里要将这张照片下方的花朵和绿叶部分抠取出来。虽然其外形较复杂，但因为天空部分呈灰白色，所以执行"选择＞色彩范围"菜单命令，打开"色彩范围"对话框。

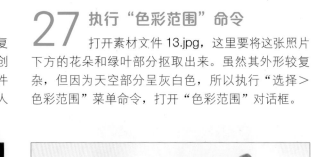

28 调整选择范围

在对话框中设置"颜色容差"为 100，使用"添加到取样"工具连续单击天空位置，设置选择范围。由于此处要选择除天空外的部分，因此勾选"反相"复选框，反选选区，选中下方的花朵及绿叶部分，设置后单击"确定"按钮。

29 创建并调整选区

创建选区后，为了避免选中花朵后面多余的天空背景，执行"选择＞修改＞收缩"菜单命令，打开"收缩选区"对话框。在对话框中设置"收缩量"为 2 像素，单击"确定"按钮，向内收缩选区，抠取更干净的图像。

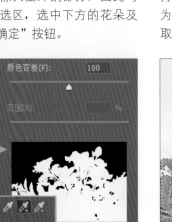

30 抠出选区中的图像

选择"移动工具",将选区中的花朵及绿叶复制到人物图像的右下角,得到"图层9"图层。按下快捷键 Ctrl+T,打开自由变换编辑框,将复制到画面中的花朵及绿叶图像调整至合适的大小。

31 使用"橡皮擦工具"擦掉多余图像

选择工具箱中的"橡皮擦工具",在"画笔预设"选取器中选择"硬边圆"画笔,在添加的花朵及绿叶图像左侧的叶子位置单击并反复涂抹,擦掉多余的图像。

32 调整新添加的花朵和绿叶颜色

观察合成的图像,发现新添加的花朵和绿叶与原图像的色调不协调,还需要对颜色加以调整。按住 Ctrl 键不放,单击"图层9"图层缩览图,载入选区,创建调整图层,调整图像颜色。

33 盖印图层并复制图像

同时选中"图层9"图层及其上方的调整图层,按下快捷键 Ctrl+Alt+E,盖印图层。复制花朵及绿叶图像,然后调整图像大小并移至左侧的空白位置,完成本实例的制作。

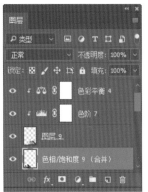

中国风摄影一直受到人们的追捧，本实例将学习制作传统中国风韵味的艺术写真。为了突出中国风特点，处理时可以适当添加中国风元素，利用图层混合模式拼合独具中国特色的水墨画、墨迹等图像，运用"磁性套索工具"将牡丹花、油纸伞抠取出来放在背景中，然后将拍摄好的人像照片复制到背景中，最后通过适当的润色处理，打造更有中国味道的艺术写真。

效果图 / 原图

素　材：随书资源 \ 素材 \07\14.jpg ～ 20.jpg、21.psd
源文件：随书资源 \ 源文件 \07\ 制作中国风古典
　　　　艺术写真 .psd

01 设置"高斯模糊"滤镜模糊图像

执行"文件＞新建"菜单命令，新建文件。打开素材文件 14.jpg，将打开的图像复制到新建的文件中。执行"滤镜＞模糊＞高斯模糊"菜单命令，打开"高斯模糊"对话框。在对话框中设置"半径"为 4.0 像素，单击"确定"按钮，模糊背景图像。

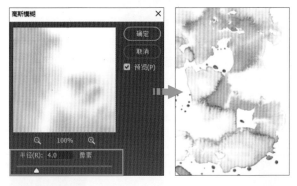

02 复制图像并更改图层混合模式

打开素材文件 15.jpg，将水墨荷花图像复制到新建的文件中，得到"图层 2"图层。更改图层混合模式为"变暗"，隐藏比背景亮的白色部分，使图像与下方背景自然融合。

03 应用"色阶"调整对比

新建"色阶1"调整图层，打开"属性"面板。由于水墨荷花图像偏暗，因此在"属性"面板中将灰色滑块向左拖曳，提亮图像的中间调部分，使图像变得更亮。单击"色阶1"图层蒙版缩览图，在图像边缘位置涂抹，隐藏该区域的"色阶"调整。

04 复制图像并更改图层混合模式

打开素材文件16.jpg，将墨迹图像复制到新建的文件中，得到"图层3"图层，更改混合模式为"正片叠底"，隐藏白色背景，设置"不透明度"为11%，使墨迹融入背景。

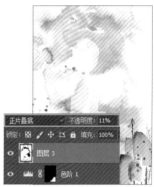

05 使用"磁性套索工具"选择图像

打开素材文件17.jpg，这里需要将素材中的花朵抠出。观察图像的颜色分布，花朵与背景的颜色差异明显，选择"磁性套索工具"，设置"宽度"和"对比度"为较小值，"频率"为较大值，沿着花朵边缘单击并拖曳，创建选区。

06 调整选区边缘

为了让抠出的图像边缘不至于太过生硬，执行"选择＞修改＞收缩"菜单命令，在打开的对话框中设置"收缩量"为2像素，收缩选区；再执行"选择＞修改＞羽化"菜单命令，在打开的对话框中设置"羽化半径"为1像素，羽化选区。

07 抠取并复制图像

处理好选区后，要将选区中的花朵图像抠出。选择"移动工具"，把抠出的花朵图像通过移动复制的方式添加到背景图像的左下角位置，得到"图层4"图层。执行"编辑>变换>水平翻转"菜单命令，翻转图像。

08 调整花朵颜色

按住 Ctrl 键不放，单击"图层4"图层缩览图，载入选区。创建"色相/饱和度1"和"色阶1"调整图层，在打开的"属性"面板中设置选项，调整花朵图像的颜色和亮度。

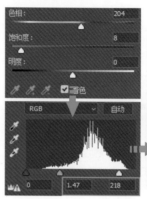

09 盖印图层

调整图像后，需要复制一个图像来填满左下角。选择"图层4"图层和"色相/饱和度1""色阶1"调整图层，按下快捷键 Ctrl+Alt+E，盖印选中图层，得到"色阶1（合并）"图层，将图层移到"图层4"图层下方，并将其缩小到合适的大小。

10 使用"钢笔工具"绘制路径

打开素材文件 18.jpg，将打开的人物图像拖曳至处理好的背景中，得到"图层5"图层。这里要将人物抠出。为了保证抠出的人物具有清晰的外形轮廓，选择"钢笔工具"，沿着人物图像边缘绘制工作路径。

11 创建图层蒙版拼合图像

按下快捷键 Ctrl+Enter，将绘制的工作路径转换为选区，单击"图层"面板底部的"添加图层蒙版"按钮 ▣，为"图层 5"图层添加图层蒙版。此时可以看到选区外的背景被隐藏了。

12 使用"磁性套索工具"抠出油纸伞

打开素材文件 19.jpg，单击工具箱中的"磁性套索工具"按钮 ，沿着画面中的油纸伞边缘单击并拖曳鼠标，创建选区，选择画面左侧的油纸伞图像。

13 调整并修改选区

为了防止选中多余的背景图像，执行"选择>修改>收缩"菜单命令，在打开的对话框中设置"收缩量"为 2 像素，单击"确定"按钮，收缩选区；再执行"选择>修改>羽化"菜单命令，在打开的对话框中设置"羽化半径"为 1 像素，单击"确定"按钮，羽化选区。

14 设置"内发光"样式

将选区中的油纸伞图像复制到人物图像的下方，得到"图层 6"图层。此时会发现油纸伞的亮度不够，双击该图层缩览图，打开"图层样式"对话框，在对话框中勾选"内发光"样式，设置发光颜色为白色，从外向内自然地提亮图像。

15 创建调整图层调整颜色

经过前面的操作，合成了全新的画面效果。由于画面是由多张不同的素材拼合而来的，在颜色和明暗上会存在一定的差异，为了让整个画面的色调更协调，结合"调整"面板和"属性"面板，创建多个调整图层，分别对画面中各个区域的色彩加以调整，将图像打造为粉蓝色调效果。

16 抠取图像并设置图层混合模式

打开素材文件20.jpg，并将其复制到画面的右上角，在"图层"面板中生成"图层7"图层。为了让这幅图像与下方的图像自然地融合，可应用"色彩范围"命令抠取花朵及枝干部分，添加图层蒙版，隐藏纯色背景，然后设置图层混合模式为"变暗"。

17 复制图像并更改混合模式

按住 Ctrl 键不放，单击"图层7"图层蒙版缩览图，载入蒙版选区。按下快捷键 Ctrl+J，复制图像，得到"图层8"图层，更改图层混合模式，提亮图像，再降低不透明度。打开素材文件21.psd，将花瓣图像复制到人物图像上方。

18 设置"添加杂色"滤镜添加颗粒感

设置前景色为R207、G198、B183，创建新图层，运用设置的前景色填充图层。执行"滤镜＞杂色＞添加杂色"菜单命令，在打开的对话框中设置选项，单击"确定"按钮，添加杂色效果。更改该图层的混合模式和不透明度，为图像叠加颗粒质感，最后添加文字修饰版面。

第8章
风光照片的特效与合成应用

　　一张非常平凡的风光照片，经过一些特殊的处理，可以呈现出极具感染力的画面效果。在进行风光照片处理时，可以根据个人的喜好，将一些包含有用元素的图像拼合在一起，再通过适当的润色，创建出各种风格的画面。本章将通过详细解析几个典型实例，带领大家学习风光照片的合成与特效制作技巧。

8.1 制作电影场景效果

　　本实例需要利用拍摄的风光照片合成电影场景效果。在很多电影海报中，会看到各种漂亮的场景特效，这些图像大多都是通过后期合成获得的。下面将对拍摄的风光照片进行组合，通过将选区与混合模式相结合，把日落风光与草原美景拼接在一起，合成新的图像效果，然后通过使用"色彩范围"命令抠出飞鸟素材，再添加到合成的背景中，最后利用调整图层对合成图像的色彩加以调整，打造具有神秘色彩的电影场景效果。

素　材：随书资源 \ 素材 \08\01.jpg ～ 04.jpg
源文件：随书资源 \ 源文件 \08\ 制作电影场景
　　　　效果 .psd

01 创建文档并复制图像

　　执行"文件＞新建"菜单命令，新建文档。打开素材文件01.jpg，将其复制到新建的文档中，得到"图层 1"图层。

02 复制图像

　　打开素材文件02.jpg，选择"移动工具"，将其拖曳到天空图像的下方，得到"图层 2"图层。

03 使用"仿制图章工具"修整画面

按下快捷键 Ctrl++，放大图像，可以看到在草原上有一些影响画面整体效果的多余人物，在合成图像时要将他们去掉。选择"仿制图章工具"，按住 Alt 键不放，在草地位置单击取样，然后涂抹人物图像，用干净的草地替换人物图像。

04 使用"矩形选框工具"选择图像

由于草地与雪山相交处非常整齐，因此选择"矩形选框工具"，在图像下方单击并拖曳鼠标，框选需要保留的草地部分，然后执行"选择＞修改＞羽化"菜单命令，在对话框中设置"羽化半径"为1像素，羽化选区。

05 添加图层蒙版拼合图像

单击"图层"面板中的"添加图层蒙版"按钮，添加图层蒙版，隐藏选区外的雪山与天空。

06 调整草地色彩

由于下方的草原是在白天拍摄的，颜色与上方的晚霞色彩不统一，需要调整其颜色。新建"渐变映射 1"调整图层，打开"属性"面板，在面板中设置渐变颜色为深蓝色到橙色渐变。设置后更改图层混合模式为"柔光"，融合色彩。执行"图层＞创建剪贴蒙版"菜单命令，创建剪贴蒙版，控制调整范围。

> (技巧) **设置渐变颜色**
>
> 在"渐变映射"的"属性"面板中单击渐变条，可以打开"渐变编辑器"对话框，在对话框中可以分别选择不同的色标并设置合适的颜色。

07 设置"色阶"调整草地的亮度

新建"色阶 1"调整图层,打开"属性"面板,将黑色滑块向右拖曳,降低阴影部分的亮度;再将灰色和白色滑块向左拖曳,提高中间调和高光部分的亮度,从而增强图像的明暗对比。可以看到设置后的草地与天空图像色调相对统一。

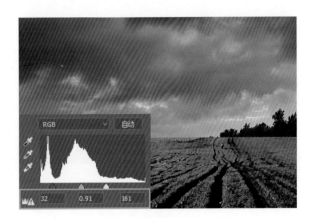

08 复制图像

打开素材文件 03.jpg,将打开的素材图像复制到天空与草地相接的位置,得到"图层 3"图层。按下快捷键 Ctrl+T,打开自由变换编辑框,单击并向内拖曳,缩小图像,再执行"编辑 > 变换 > 水平翻转"菜单命令,水平翻转图像。

09 设置混合效果

下面需要隐藏较亮的天空部分。原图像的主体部分为深色,而天空部分为对比较大的浅色,因此可以通过混合图像的方式来合成图像。双击"图层 3"图层缩览图,打开"图层样式"对话框,拖曳"本图层"下方的白色滑块,当拖曳至 86 位置时,可以看到白色的背景不见了。

10 添加图层蒙版合成图像

由于这里只需使用树木部分,因此为"图层 3"图层添加图层蒙版,选择"画笔工具",设置前景色为黑色,在树木下方的黑色地面位置涂抹,将地面部分隐藏起来。

11 执行"色彩范围"命令

打开素材文件 04.jpg,这里需要抠取照片中的飞鸟图像。执行"选择>色彩范围"菜单命令,打开"色彩范围"对话框,运用"吸管工具"在飞鸟所在位置单击,确定要选择的图像范围。

12 调整选择的范围

为了选择更多的飞鸟图像,选择"色彩范围"对话框中的"添加到取样"工具,继续使用鼠标单击画面中的飞鸟图像,扩大选择的范围。设置后单击对话框右上角的"确定"按钮,创建选区,选择图像。

13 抠出选区中的图像

按下快捷键 Ctrl+J,复制选区中的图像。单击"背景"图层前的"指示图层可见性"图标,隐藏"背景"图层,查看抠出的图像效果。

14 使用"橡皮擦工具"擦掉多余部分

在本实例中只需使用飞鸟图像,因此选择"橡皮擦工具",在"画笔预设"选取器中选择"硬边圆"画笔,擦除多余的图像。

(技巧) 选择画笔笔触

运用"橡皮擦工具"擦除图像时,同样可以单击选项栏中画笔右侧的下拉按钮,展开"画笔预设"选取器,然后根据要擦除图像的外形,选择合适的画笔笔触。

15 复制抠出的图像到新的背景中

将抠出的飞鸟图像复制到合成的背景中，在"图层"面板中得到"图层 4"图层。按下快捷键 Ctrl+T，打开自由变换编辑框，单击并向内拖曳鼠标，缩小添加到画面中的飞鸟图像。

16 设置"曲线"调整亮度

新建"曲线 1"调整图层，在"属性"面板中单击并向下拖曳曲线，降低飞鸟图像的亮度，突出鸟儿的外形轮廓。此时会对全图应用调整，所以还要执行"图层＞创建剪贴蒙版"菜单命令，创建剪贴蒙版，隐藏飞鸟图像外的"曲线"调整。

17 盖印图层并复制更多飞鸟图像

按住 Ctrl 键不放，依次单击选中"图层 4"和"曲线 1"图层，按下快捷键 Ctrl+Alt+E，盖印选中图层，得到"曲线 1（合并）"图层。复制该图层，得到更多飞鸟图像，然后使用"橡皮擦工具"擦掉部分图像，得到更自然的画面效果。

18 调整画面亮度和色彩

经过前面的操作，需要的图像都合并到了同一画面中。为了让合成的图像色调更统一，新建"曲线 2"调整图层，单击并向下拖曳曲线，降低图像亮度。新建"色相／饱和度 1"调整图层，调整图像颜色及饱和度。

19 设置"色彩平衡"调整图层

单击"调整"面板中的"色彩平衡"按钮，新建"色彩平衡1"调整图层，在打开的"属性"面板中将"青色-红色"滑块向红色方向拖曳，将"黄色-蓝色"滑块向黄色方向拖曳，增强画面中的红色和黄色。

20 为画面添加晕影

按下快捷键 Shift+Ctrl+Alt+E，盖印图层，执行"滤镜＞Camera Raw 滤镜"菜单命令，打开 Camera Raw 对话框，单击"镜头校正"按钮，展开"镜头校正"选项卡，设置"晕影"的"数量"为 -100、"中点"为 11，在图像边缘生成自然的晕影效果。

21 "分离色调"调整高光和阴影颜色

单击"分离色调"按钮，展开"分离色调"选项卡。在选项卡中分别设置高光和阴影部分的"色相""饱和度"，调整颜色。设置后单击"确定"按钮，应用滤镜。

22 去除画面噪点

按下快捷键 Ctrl++，放大图像，可以看到天空部分有明显的噪点。复制图像，使用"Camera Raw 滤镜"中的"细节"选项卡调整图像，去除画面中的噪点，然后利用图层蒙版还原除天空外的其他区域的图像，完成本实例的制作。

夕阳西下，沉在水中的枯木与天边绚丽的晚霞形成鲜明的对比，呈现一种别样的美。本实例将浪花、晚霞等素材图像拼合在一起，通过创建图层蒙版，结合"画笔工具"和"渐变工具"编辑图层蒙版，让合成的图像自然地衔接起来，形成新的背景。此外，为了突出作品主题，将枯木素材添加到下方的浪花位置，拼合到处理好的背景中，最后通过润色修饰，统一画面色彩，展现绚丽的日落美景。

效果图

原图

素　材：随书资源 \ 素材 \08\05.jpg ～ 09.jpg
源文件：随书资源 \ 源文件 \08\ 合成夕阳余晖下的水中枯木 .psd

01 创建文件并复制图像

执行"文件＞新建"菜单命令，新建空白文件。打开素材文件 05.jpg，将打开的图像复制到创建的新文件中，在"图层"面板中得到"图层 1"图层。

02 复制浪花图像

打开素材文件 06.jpg，将打开的浪花素材图像复制到新建的文件中，得到"图层 2"图层。按下快捷键 Ctrl+T，打开自由变换编辑框，调整图像的大小和位置，让图像填满画布。

03 应用"渐变工具"编辑图层蒙版

单击"图层"面板中的"添加图层蒙版"按钮 ▣，为"图层2"图层添加图层蒙版。选择"渐变工具"，在选项栏中选择"黑，白渐变"，单击图层蒙版缩览图，从图像上方往下拖曳，创建线性渐变，隐藏浪花图像的上半部分，让两幅图像衔接更自然。

04 使用"画笔工具"编辑图层蒙版

再对图层蒙版加以修整。选择"画笔工具"，在"画笔预设"选取器中单击"柔边圆"画笔，调整画笔的不透明度，根据蒙版的原理，分别设置前景色为黑色或白色，在海面与浪花相交的位置涂抹，使两幅图像的过渡更自然。

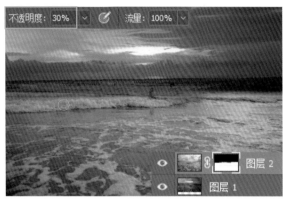

05 根据"色彩范围"创建选区

这里需要提亮浪花部分，所以执行"选择>色彩范围"菜单命令，在打开的"色彩范围"对话框中选择"添加到取样"工具 ✐，将鼠标移到图像中的浪花位置，通过单击将浪花添加到选区中，单击"确定"按钮，返回图像窗口，即可看到创建的选区效果。

06 更改图层混合模式和不透明度

单击"图层2"图层缩览图，按下快捷键Ctrl+J，复制选区中的图像，得到"图层3"图层。这里还需要提亮图像，所以更改图层混合模式为"滤色"，设置后图像偏亮，降低"不透明度"至50%，使明暗过渡更柔和。

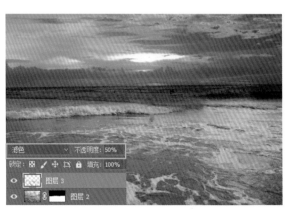

07 复制图像并调整大小

打开素材文件 07.jpg，将打开的素材图像复制到新建的文件中，得到"图层 4"图层。按下快捷键 Ctrl+T，打开自由变换编辑框，调整图像的大小和位置，使图像填满画布。

08 使用"渐变工具"拼合图像

这里只需保留天空中的云霞图像，单击"添加图层蒙版"按钮■，为"图层 4"图层添加图层蒙版。选择"渐变工具"，然后从图像上方往下拖曳创建"黑，白渐变"，隐藏天空下方的海面部分。

09 复制图像并添加图层蒙版

打开素材文件 08.jpg，将打开的素材图像复制到新建的文件中，得到"图层 5"图层。按下快捷键 Ctrl+T，打开自由变换编辑框，调整图像的大小和位置。单击"添加图层蒙版"按钮■，为此图层添加图层蒙版。

10 填充图层蒙版为黑色

添加图层蒙版后，蒙版显示为白色，即显示图层中的所有图像。单击"图层5"图层蒙版缩览图，设置前景色为黑色，按下快捷键 Alt+Delete，将蒙版填充为黑色。此时在图像窗口中可以看到，"图层 5"中的所有图像都被隐藏了。

11 停用图层蒙版并创建选区

为了方便查看和编辑图像，右击图层蒙版缩览图，在弹出的快捷菜单中执行"停用图层蒙版"命令，隐藏图层蒙版。选择"矩形选框工具"，在这幅图像中只需使用天空与海面的相交区域，因此在图像中的这部分区域单击并拖曳，创建矩形选区。

12 羽化选区

为了让后面合成的图像呈现自然、柔和的混合效果，还需要羽化选区。执行"选择＞修改＞羽化"菜单命令，打开"羽化选区"对话框，在对话框中设置"羽化半径"为130像素，单击"确定"按钮，创建柔和的选区。

13 启用并编辑图层蒙版

右击"图层5"图层蒙版缩览图，在弹出的快捷菜单中执行"启用图层蒙版"命令，隐藏图层中的图像。由于这里要将选区中的图像显示出来，因此设置前景色为白色，然后连续按下快捷键Alt+Delete，将选区填充为白色，显示选区中的图像。

14 应用画笔编辑图层蒙版

编辑图层蒙版后，发现画面中出现了多余的船只图像，选择"画笔工具"，设置前景色为黑色，适当降低画笔的不透明度，然后运用黑色画笔涂抹，隐藏多余的船只图像。

15 复制图像并调整大小

打开素材文件 09.jpg，将打开的枯木图像复制到新建的文件中，得到"图层 6"图层。按下快捷键 Ctrl+T，打开自由变换编辑框，调整图像的大小和位置，使其更适合画面效果。

16 应用"磁性套索工具"抠取图像

下面要抠出图像中的枯木部分，分析图像，枯木与旁边背景的颜色反差明显，因此选择"磁性套索工具"，在选项栏中设置较小的"宽度"和"对比度"值，为了在图像边缘生成更密集的锚点，将"频率"设置为最大值，设置后将鼠标移到枯木边缘位置，单击并拖曳鼠标。

17 收缩选区

当拖曳的起点与终点重合时，单击鼠标，创建选区。为了避免抠出的枯木边缘出现多余的白边，执行"选择＞修改＞收缩"菜单命令，打开"收缩选区"对话框。这里只需稍微向内收缩一点，因此设置"收缩量"为 1 像素，单击"确定"按钮，收缩选区。

18 添加图层蒙版

单击"图层"面板中的"添加图层蒙版"按钮，为"图层 6"图层添加图层蒙版，将选区外的背景图像隐藏，抠出枯木图像，使其融合到新的背景中。

19 设置"投影"样式

为了让合成到画面中的枯木呈现立体的视觉效果，可为其添加投影。双击"图层 6"图层缩览图，打开"图层样式"对话框。在对话框中勾选"投影"样式，参照画面效果，调整对话框右侧的"投影"选项。完成设置后，单击"确定"按钮。

20 调整"中间调"和"高光"颜色

素材中枯木的颜色偏红，与下方浪花部分的颜色不是很协调。按下 Ctrl 键不放，单击"图层 6"图层缩览图，载入枯木选区，创建"色彩平衡 1"调整图层，打开"属性"面板。在面板中选择"中间调"选项，拖曳下方的颜色滑块，增加中间调部分的青色、绿色和蓝色；再选择"高光"选项，向右拖曳"黄色 - 蓝色"滑块，增加高光部分的蓝色。

21 调整"色相/饱和度"

按住 Ctrl 键不放，单击"色彩平衡 1"图层蒙版，载入选区，单击"调整"面板中的"色相 / 饱和度"按钮，新建"色相 / 饱和度 1"调整图层，打开"属性"面板。这里需要削弱颜色强度，所以把"饱和度"滑块向左拖曳。

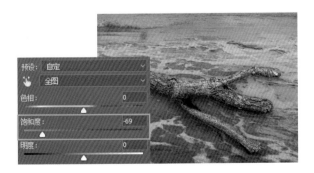

22 应用"渐变映射"渲染氛围

单击"调整"面板中的"渐变映射"按钮，创建"渐变映射 1"调整图层。为了渲染更浓郁的日落氛围，在"属性"面板中选择"紫，橙渐变"，设置后更改图层混合模式为"柔光"，混合图像，加深颜色。

23 设置"色彩平衡"修饰颜色

新建"色彩平衡2"调整图层,打开"属性"面板。在面板中选择"阴影"选项,为了使阴影变为青蓝色,将"青色 - 红色"滑块向左拖曳,将"洋红 - 绿色"滑块和"黄色 - 蓝色"滑块向右拖曳;再分别选择"中间调"和"高光"选项,根据色彩平衡的工作原理,继续使用鼠标拖曳滑块,调整中间调和高光部分的颜色。

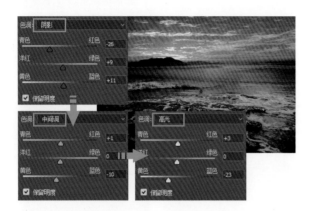

24 羽化天空区域

为了让天空部分更有层次感,可以加深蓝调。选择"套索工具",在天空位置单击并拖曳,创建选区。这里需要让调整的区域与未调整区域的色调过渡更自然,因此执行"选择>修改>羽化"菜单命令,打开"羽化选区"对话框,设置较大的羽化半径,羽化选区。

25 调整"阴影"颜色

新建"色彩平衡3"调整图层,打开"属性"面板。在面板中单击"色调"下拉按钮,选取"阴影"色调,将"青色 - 红色"滑块向青色方向拖曳,将"黄色 - 蓝色"滑块向蓝色方向拖曳,加深青色和蓝色。

26 复制并抠取图像

观察图像,发现左侧图像偏暗,融合得不是很好,因此可以抠取右侧的部分图像来修复不自然的左侧部分。按下快捷键 Shift+Ctrl+Alt+E,盖印图层。选择"套索工具",在海天交接的位置单击并拖曳鼠标,创建选区。按下快捷键 Ctrl+J,复制选区内的图像,得到"图层8"图层。

27 编辑图层蒙版

执行"编辑＞变换＞水平翻转"菜单命令，水平翻转抠取的图像，然后使用"移动工具"将抠出的图像复制到画面左侧。单击"添加图层蒙版"按钮■，为"图层 8"图层添加图层蒙版，将蒙版填充为黑色后，使用白色画笔在需要显示的位置单击并涂抹，显示图像。

28 应用"径向模糊"滤镜模糊图像

再次盖印图层，创建"图层 9"图层。为了让天空的云朵更有动感，可以应用滤镜模糊图像。执行"滤镜＞模糊＞径向模糊"菜单命令，打开"径向模糊"对话框。在对话框中设置"数量"为 8，然后将模糊中心点移到图像中霞光的中心位置，设置后单击"确定"按钮，模糊图像。

29 绘制矩形选区填充蒙版

由于此处只需对晚霞应用模糊效果，因此添加图层蒙版，选择"矩形选框工具"，在晚霞下方的水面等位置单击并拖曳，创建选区；设置前景色为黑色，按下快捷键 Alt+Delete，将选区填充为黑色，隐藏图像，显示下方清晰的海面效果。

30 设置"色阶"增强对比

新建"色阶 1"调整图层，打开"属性"面板。这里要增强这张照片的对比效果，所以将黑色滑块向右拖曳，使阴影部分变得更暗，再将白色滑块向左拖曳，使高光部分变得更亮。通过设置加强了对比效果，完成本实例的制作。

第9章
商品照片的特效与合成应用

图像的合成与特效制作在商品照片处理中的应用最为广泛。在购物网站中经常会看到很多非常吸引人的商品广告图片或活动宣传海报等，这些图像都是通过后期处理，将商品抠出并添加不同的装饰元素得到的。本章中将选择几种常见的商品作为处理的对象，通过详细的操作步骤，介绍商品照片后期处理的特效与合成应用。

9.1 制作清爽风格的美白润肤霜广告

本实例为清爽风格的美白润肤霜广告设计。在制作的过程中，为了表现化妆品天然、无刺激的特性，整个画面以蓝色为主色，利用图层蒙版把山、水素材拼合在一起，作为广告背景图案；再结合通道和调整命令抠出具有半透明特性的润肤霜产品，将其放置到处理好的背景中，应用图层混合模式在盖子上添加水花素材，合成更有创意的画面效果；最后为了增强作品的完整性，在广告图像上方输入相应的产品介绍文字。

素　材：随书资源 \ 素材 \09\01.jpg ～ 04.jpg、05.psd
源文件：随书资源 \ 源文件 \09\ 制作清爽风格的美白润肤霜广告 .psd

01 创建新文档并复制图像

执行"文件＞新建"菜单命令，打开"新建文档"对话框。在对话框中设置新建文档的大小，单击"创建"按钮，创建新文档。打开素材文件 01.jpg，将其复制到新建的文档中，得到"图层 1"图层。

技巧　使用模板创建文档

在 Photoshop 中执行"文件＞新建"菜单命令，将打开"新建文档"对话框。在对话框中单击不同的标签后，在展开的选项卡中都将显示一些文件大小，用户可以直接单击创建相应大小的文件。

02 设置"高斯模糊"滤镜模糊图像

由于此素材被用作背景，为了不影响对主体对象的表现，可以适当进行模糊处理。执行"滤镜＞模糊＞高斯模糊"菜单命令，打开"高斯模糊"对话框。在对话框中设置"半径"为 4.0 像素，设置后单击"确定"按钮，模糊图像。

03 使用"矩形选框工具"选择图像

下面需要将底部图像隐藏一部分，选择"矩形选框工具"，在底部单击并拖曳，创建选区。为了让其呈现渐隐的效果，执行"选择＞修改＞羽化"菜单命令，在打开的对话框中设置较大的羽化半径，羽化选区。添加图层蒙版，设置前景色为 R47、G47、B47，按下快捷键 Alt+Delete，将蒙版选区填充为深灰色。

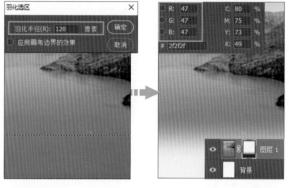

04 设置"色彩平衡"调整颜色

为了表现润肤霜清爽、不油腻的特性，可以将背景转换为更清爽的青蓝色。新建"色彩平衡 1"调整图层，打开"属性"面板。这里需要增强青绿色调，因此将"青色 - 红色"滑块向青色方向拖曳，将"洋红 - 绿色"滑块向绿色方向拖曳，将"黄色 - 蓝色"滑块向黄色方向拖曳。

05 使用"渐变工具"编辑图层蒙版

打开素材文件 02.jpg，将其复制到新建文档中，得到"图层 2"图层。为了让新添加的图层与下层图像自然融合，添加图层蒙版，选择"渐变工具"，在山峰与湖面相交的位置单击并拖曳创建黑白渐变，隐藏新图层下方的湖面部分。

06 设置"高斯模糊"滤镜模糊图像

合成图像后，由于之前对下方的图像进行了模糊设置，此处为了让画面呈现类似的模糊效果，选择"图层 2"图层，执行"滤镜＞模糊＞高斯模糊"菜单命令，打开"高斯模糊"对话框，在对话框中设置"半径"为 5.0 像素，模糊图像。

07 调整合成的图像颜色

此时需要统一画面色调，使合成的效果更加自然。按住 Ctrl 键不放，单击"图层 2"蒙版缩览图，载入选区。新建"色阶 1"调整图层，提亮图像；再新建"色彩平衡 2"调整图层，拖曳选项滑块，增强青蓝色调效果。

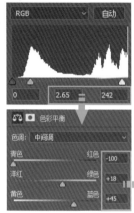

08 使用"钢笔工具"抠出玻璃瓶

打开素材文件 03.jpg，观察图像，润肤霜瓶子为特殊的半透明玻璃材质，抠取图像时需要将质感表现出来。选择"钢笔工具"，沿着照片中的润肤霜瓶子边沿单击并拖曳鼠标，绘制工作路径，按下快捷键 Ctrl+Enter，将路径转换为选区。

09 填充黑色背景查看图像

按下快捷键 Ctrl+J，复制选区中的图像，得到"图层 1"图层。再次按下快捷键 Ctrl+J，复制图层，得到"图层 1 拷贝"图层。为了清楚查看抠出的图像效果，在"图层 1"图层下方新建"图层 2"图层，将该图层填充为黑色。

10 复制并调整通道中的图像

切换到"通道"面板，这里需要抠取瓶子边缘的半透明部分，所以在"通道"面板中选择明暗反差最大的"绿"通道，复制通道，得到"绿 拷贝"通道。执行"图像＞调整＞亮度/对比度"菜单命令，将"亮度"和"对比度"滑块向右拖曳，增强对比效果。

11 载入选区并添加图层蒙版

单击"通道"面板中的"将通道作为选区载入"按钮，载入通道选区。返回"图层"面板，选择"图层1拷贝"图层，单击"图层"面板中的"添加图层蒙版"按钮，为"图层1拷贝"图层添加图层蒙版，将选区外的图像隐藏起来。此时在图像窗口中可看到图像无明显变化。

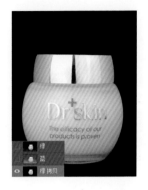

12 使用"画笔工具"编辑图层蒙版

单击"背景"和"图层1"图层前的"指示图层可见性"图标，隐藏图层，即可看到抠出的具有透明特性的瓶身部分。观察图像，发现抠出的瓶子中间部分被隐藏了。选择"图层1"图层并添加图层蒙版，将蒙版填充为黑色，用白色画笔在要显示的瓶子中间部分涂抹，显示图像。

13 复制抠出的瓶子图像

按下快捷键 Shift+Ctrl+Alt+E，盖印图层，得到"图层1拷贝（合并）"图层，抠出完整的瓶子图像。选择"移动工具"，把抠出的瓶子图像拖曳至新建的文档中。为了方便处理商品图像，新建"商品"图层组，将"图层1拷贝（合并）"图层拖入该图层组中。

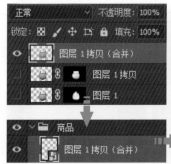

14 设置"智能锐化"滤镜锐化图像

执行"滤镜＞锐化＞智能锐化"菜单命令，打开"智能锐化"对话框。在对话框中向右拖曳选项滑块，结合左侧的预览图查看锐化效果，当设置"数量"为120%、"半径"为1.5像素、"减少杂色"为10%时，单击"确定"按钮，得到更清晰的图像。

15 设置"内发光"效果

观察添加到背景中的商品图像，可以看到图像整体偏暗。为了让画面的明暗层次更协调，双击"图层1拷贝（合并）"图层缩览图，打开"图层样式"对话框。在对话框中勾选"内发光"样式，设置发光颜色为白色，调整发光范围，提亮瓶子边缘区域。

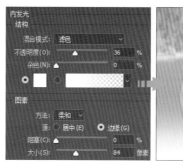

16 应用"色阶"提亮灰暗的商品

创建"色阶2"调整图层，打开"属性"面板，将灰色和白色滑块向左拖曳，提亮中间调和高光部分。设置后图像偏灰，再把黑色滑块向右拖曳，降低阴影部分亮度，加强对比效果。由于这里主要是针对瓶子应用"色阶"调整，因此需要执行"图层＞创建剪贴蒙版"菜单命令，创建剪贴蒙版，只对瓶子内的区域应用调整，得到更明亮的瓶身效果。

17 载入选区并填充实色

由于抠出的图像具有一定的透明度，将会透出下方的湖面背景，因此可以在"图层1拷贝（合并）"图层下方创建"图层3"图层，设置图层不透明度为90%。按住Ctrl键不放，单击"图层1拷贝（合并）"图层缩览图，载入选区，设置前景色为白色，按下快捷键Alt+Delete，将选区填充为白色。

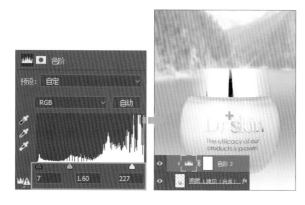

18 使用"画笔工具"绘制水花

载入"水花01"和"水花02"笔刷，设置前景色为白色，创建新图层，在瓶子图像上单击，绘制出喷溅的水花效果。

19 擦除并融合图像

为了让绘制的水花与瓶子自然融合，选择"橡皮擦工具"，在选项栏中选择"柔边圆"画笔，在水花与盖子重合的位置涂抹，擦除生硬的边缘部分，最后将处理后的瓶子与水花图像盖印，并复制图像，制作出瓶子的倒影效果。

20 抠取花朵图像

打开素材文件04.jpg，画面中花朵的颜色与背景颜色反差较大，适合用"磁性套索工具"抠取。选择工具后，为了使抠出的图像更精确，在选项栏中设置较小的"宽度"和"对比度"值、较大的"频率"值，沿花朵边缘单击并拖曳鼠标，创建选区。执行"选择>修改>收缩"菜单命令，设置向内收缩1像素，避免选中多余的背景部分。

21 复制花朵图像并添加文字

选择"移动工具"，拖曳选区中的花朵至润肤霜瓶子下方。由于素材中的花朵偏暗，可以使用调整图层适当提亮图像，然后将花瓣素材05.psd复制到画面中的不同位置，并使用"动感模糊"滤镜模糊图像，得到花瓣飘洒的图像效果。最后在画面上方输入相关的文字，完成本实例的制作。

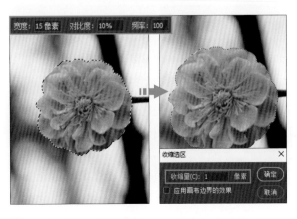  

9.2 合成超现实的背包广告

本实例是一幅超现实风格的背包广告作品。在处理的时候，选择一些相关联的元素，如蓝天、草地、林间小路等，通过图层蒙版将这些元素组合在一起，创建一幅适合表现背包特点的背景图像。再根据拍摄的背包的外形特点，应用"钢笔工具"将它抠取出来，复制到设计好的背景中。最后使用"镜头光晕"滤镜为图像添加唯美的光晕特效，打造出更加精美的背包广告图。

素　材：随书资源\素材\09\06.
　　　　jpg～13.jpg
源文件：随书资源\源文件\09\合
　　　　成超现实的背包广
　　　　告.psd

原图

01 复制图像

执行"文件＞新建"菜单命令，新建文档。打开素材文件06.jpg、07.jpg，选择工具箱中的"移动工具"，将两幅图像复制到新建的文档中，得到"图层1"和"图层2"图层。

02 运用"渐变工具"编辑图层蒙版

这里需要隐藏"图层2"图层中的草地部分，使它与下方的绿色草地自然融合。为"图层2"图层添加图层蒙版，选择"渐变工具"，在选项栏中选择"黑，白渐变"，在图像下方单击并向上拖曳创建渐变，隐藏图像。

> **技巧** 选择预设渐变
>
> 使用"渐变工具"编辑图层蒙版，可以让图像之间的过渡效果更加自然、柔和。选择"渐变工具"后，单击渐变条右侧的下拉按钮，将打开"渐变"拾色器，在拾色器中可以选择Photoshop提供的多种预设渐变。

03 编辑蒙版，调整显示区域

利用"渐变工具"编辑图层蒙版后，会看到一部分开满鲜花的草地未被隐藏，需要进一步进行处理。单击"画笔工具"按钮，设置前景色为黑色，为了让涂抹时图像的过渡更自然，在选项栏中把"不透明度"降低至20%，在两侧山峰下的花丛位置涂抹，隐藏图像。

04 创建并编辑图层蒙版

打开素材文件08.jpg，选择"移动工具"，把打开的图像复制到新建的文档中，并调整到合适的大小。由于这幅图像只需显示小路和下方的花丛部分，因此选择"渐变工具"，添加图层蒙版，从图像右上方往中间位置拖曳创建"黑，白渐变"，隐藏图像。

05 使用"画笔工具"编辑蒙版

单击"图层3"图层蒙版缩览图，选择"画笔工具"，确保前景色为黑色，在图像上适当涂抹，控制图像的显示和隐藏范围，得到更自然的融合效果。

06 复制图层并添加图层蒙版

打开素材文件09.jpg，选择"移动工具"，将其复制到新建文档中，这里同样需要将图像拼合在一起。单击"添加图层蒙版"按钮，添加图层蒙版，设置前景色为黑色，使用画笔在图像边缘位置涂抹。

> **(技巧) 停用和启用蒙版**
>
> 创建图层蒙版后，按住Shift键不放，单击图层蒙版缩览图，可以停用图层蒙版，显示未添加蒙版时的原图像效果。再次按住Shift键单击图层蒙版缩览图，可以重新启用图层蒙版。

07 应用"磁性套索工具"抠出飞鸟

打开素材文件 10.jpg，选择"磁性套索工具"，由于素材中的飞鸟颜色与蓝色的山峰颜色反差较大，因此在选项栏中可以设置较小的"宽度"和"对比度"值，为了沿图像边缘生成密集的锚点，设置"频率"为最大值 100，沿着飞鸟边缘位置单击并拖曳鼠标，创建选区。

08 复制图像并调整亮度

将飞鸟图像复制到合成好的背景中，然后使用"橡皮擦工具"适当涂抹飞鸟边缘，得到更干净的图像。新建"曲线 1"调整图层，打开"属性"面板，在面板中单击并向上拖曳曲线，提亮图像。

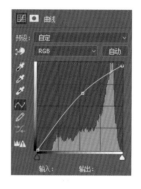

09 设置"色相/饱和度"调整颜色

新建"色相 / 饱和度 1"调整图层,打开"属性"面板。在面板中分别选择"黄色""青色""蓝色"，拖曳下方的"色相"和"饱和度"滑块，调整颜色，让画面色彩更清爽。

10 继续调整图像颜色

结合"调整"面板和"属性"面板，创建多个调整图层，调整画面局部或整体的颜色，创建更有意境的画面效果。

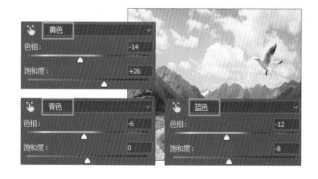

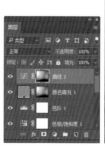

(技巧) **更改调整图层选项**

应用调整图层调整图像颜色后，可以双击"图层"面板中的调整图层缩览图，打开"属性"面板，利用面板中的选项更改调整效果。

11 使用"钢笔工具"沿背包绘制路径

打开素材文件 11.jpg，这里需要将背包图像抠出。为了使抠出的背包边缘更整齐，选用"钢笔工具"抠取图像。单击工具箱中的"钢笔工具"按钮，沿背包边缘绘制工作路径。

12 创建复合路径抠出图像

绘制路径后，会看到背包手带的中间位置还有多余的背景图像，需要将其也去掉。单击选项栏中的"路径操作"按钮，在展开的列表中选择"排除重叠形状"选项，继续在手带中间的背景位置绘制路径。绘制后按下快捷键 Ctrl+Enter，将路径转换为选区。

13 复制背包并更改图层混合模式

按下快捷键 Ctrl+J，复制选区中的图像，抠出背包。选择"移动工具"，把抠出的背包图像复制到合成的新背景中。按下快捷键 Ctrl+T，将背包图像缩小一些。由于背包图像偏暗，颜色也不鲜艳，因此复制"图层 6"图层，创建"图层 6 拷贝"图层，设置图层混合模式为"滤色"，提亮图像。

14 使用"色相/饱和度"增强色彩

新建"色相/饱和度 2"调整图层，在打开的"属性"面板中，向右拖曳"饱和度"滑块，提高全图的颜色饱和度，向右拖曳"色相"滑块，使背包颜色更粉嫩；选择"红色"选项，分别拖曳"色相"和"饱和度"滑块，加深颜色并增加颜色饱和度，让调整后的背包图像更吸引人。执行"图层＞创建剪贴蒙版"命令，创建剪贴蒙版，控制颜色调整范围。

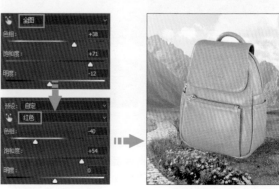

15 调整"色相/饱和度"更改背包颜色

盖印背包和上方的"色相/饱和度2"调整图层，创建"色相/饱和度2（合并）"图层。再次利用"色相/饱和度"变换背包颜色，以展示不同颜色的同款商品，设置后适当为图像添加阴影，增强立体感。

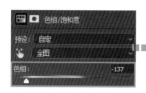

16 根据"色彩范围"选择绿叶部分

打开素材文件12.jpg，这里需要选择下方的绿叶部分。执行"选择>色彩范围"菜单命令，打开"色彩范围"对话框。在对话框下方的缩览图中，白色区域为要选择的部分，所以选择"添加到取样"工具，在绿色的叶子边缘单击，扩大选择范围，直到整个绿色的叶子部分都显示为白色，单击"确定"按钮，创建选区。

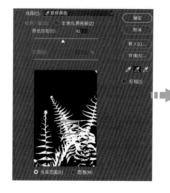
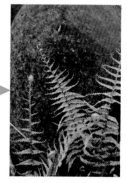

17 抠出图像并复制到背包下方

按下快捷键Ctrl+J，复制选区中的图像，得到"图层1"图层。单击工具箱中的"移动工具"按钮，把抠出的叶子图像复制到背包的右下角位置，得到"图层7"图层。

18 复制叶子图像

为了让下方的叶子图像呈现出更自然的状态，按下快捷键Ctrl+J，复制图像，然后调整复制的叶子图像的位置和大小，再水平翻转左下角的叶子图像，得到错位排列的叶子效果。

19 擦除多余的叶子对象

隐藏"图层 7"图层，可以看到因为素材中的叶子边缘紧挨画布边缘，导致抠出的图像也不完整。使用"橡皮擦工具"擦除"图层 7 拷贝"和"图层 7 拷贝 2"图层中右侧不完整的叶子部分，然后重新显示"图层 7"图层，查看擦除图像后的画面效果。

20 添加更多的叶子元素

打开素材文件 13.jpg，素材中叶子与背景的颜色反差也较明显，同样使用"色彩范围"命令抠图，将抠出的图像复制到画面左侧的叶子图像处，做水平翻转，然后盖印所有叶子所在图层，创建"色阶 2"调整图层，提亮图像。

21 渲染"镜头光晕"效果

为了增强意境，可为图像添加光晕效果。创建"图层 9"图层，执行"滤镜 > 渲染 > 镜头光晕"菜单命令，打开"镜头光晕"对话框。在对话框中将光源移到左上角，将"亮度"增加至 120%，单击"确定"按钮。

22 更改图层混合模式

选择"图层 9"图层，更改图层混合模式为"滤色"，混合图像。最后创建"组 1"图层组，在背包上方输入文字信息，完成本实例的制作。

9.3 制作突出鞋子特点的轮播广告

男士在选购鞋子时除了关注鞋子是否漂亮外，更注重鞋子的功能与实用性。本实例即为利用拍摄的男士户外运动鞋照片制作轮播广告。在处理图像时，根据该运动鞋适合户外徒步、旅行穿着的特点，应用图层蒙版将沙漠、胡杨、仙人掌等元素拼合到一个版面中，使画面显得更整洁，再使用"磁性套索工具"抠出鞋子图像，复制到背景中，并通过对图像色彩的修饰，展现更协调的画面效果。

效果图

原图

素　材：随书资源\素材\09\14～17.jpg
源文件：随书资源\源文件\09\制作突出鞋子特点的轮
　　　　播广告.psd

01 新建文档并复制沙漠素材

执行"文件>新建"菜单命令，新建文档。打开素材文件14.jpg，并将其复制到新建的文档中，得到"图层1"图层。

02 应用"渐变工具"编辑图层蒙版

下面要让图像右侧呈现自然的渐隐效果。单击"添加图层蒙版"按钮◙，添加图层蒙版。选择"渐变工具"，在选项栏中选择"黑，白渐变"，从图像右侧向左拖曳创建渐变，即可看到渐隐的画面效果。

03 复制图像填充背景

按下快捷键 Ctrl+J，复制图层，得到"图层 1 拷贝"图层。执行"编辑＞变换＞水平翻转"菜单命令，翻转图像，将它移到右侧的留白位置，填满整个画布，再适当编辑蒙版，让两侧的图像自然拼合。

04 盖印图层去除杂物

按下快捷键 Shift+Ctrl+Alt+E，盖印图层，得到"图层 2"图层。选择"仿制图章工具"，仿制并修复图像，去除多余的绳索和骆驼图像。

05 使用"套索工具"抠取图像

为了让合成的图像两侧形成更为对称的视觉效果，选择"套索工具"，在骆驼左侧的沙漠位置单击并拖曳鼠标，创建选区。按下快捷键 Ctrl+J，复制选区中的图像，然后将图像移到右侧。

06 编辑图层蒙版

查看复制的图像，发现它与下方的沙漠图像衔接太过生硬。单击"添加图层蒙版"按钮◙，添加图层蒙版。选择"画笔工具"，降低画笔的不透明度，使用黑色画笔在相交的位置涂抹，融合图像。

07 复制图像并添加图层蒙版

　　打开素材文件 15.jpg，选择"移动工具"，把仙人掌素材图像复制到骆驼图像上方，得到"图层 4"图层。按下快捷键 Ctrl+T，打开自由变换编辑框，将鼠标移至编辑框的转角位置，按住 Shift 键不放，单击并拖曳鼠标，缩放图像至合适大小。单击"添加图层蒙版"按钮，为"图层 4"图层添加图层蒙版。

08 使用"画笔工具"编辑图层蒙版

　　由于仙人掌上半部分的边缘较整齐，因此选择"画笔工具"，在"画笔预设"选取器中选择"硬边圆"画笔，设置前景色为黑色，沿仙人掌图像边缘单击并涂抹，隐藏多余的图像。

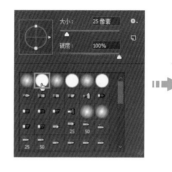 

09 选择"柔边圆"画笔

　　继续使用"硬边圆"画笔沿仙人掌边缘勾画，然后调整画笔大小，涂抹并隐藏更多的图像，只保留两株仙人掌和下方的枯草。为了使涂抹后的图像与下方的沙漠融合，再在"画笔预设"选取器中选择"柔边圆"画笔。

10 继续涂抹图像

　　将画笔移至下方的枯草位置，单击并涂抹图像，经过反复涂抹，隐藏更多图像，使仙人掌和枯草图像边缘的过渡更柔和。

 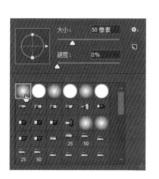

(技巧) 水平或垂直涂抹图像

　　应用"画笔工具"编辑图层蒙版时，如果要编辑的对象边缘呈水平或垂直状态，则可以按住 Shift 键不放，依次单击要隐藏的图像两端，则可创建水平或垂直的、整齐的边缘效果。

11 复制图像并调整位置和大小

选中"图层 4"图层，按下快捷键 Ctrl+J，复制图像，得到"图层 4 拷贝"图层。将图层中的仙人掌图像向右拖曳，调整至合适的位置，并适当放大。

12 打开并复制图像

打开素材文件 16.jpg，将其中的胡杨图像复制到沙漠图像上方，得到"图层 5"图层，调整图像位置，显示部分胡杨图像。

13 设置"色彩范围"选择胡杨素材

这里需要将胡杨后面的天空部分隐藏起来，虽然素材中胡杨的边缘较复杂，但是因为它与天空颜色的差异较大，所以可以使用"色彩范围"命令快速抠出。执行"选择>色彩范围"菜单命令，打开"色彩范围"对话框。在对话框中使用"添加到取样"工具在天空背景上连续单击，扩大选择范围，选择整个天空后，再勾选"反相"复选框，确认操作，创建选区。

14 添加图层蒙版隐藏图像

单击"图层"面板中的"添加图层蒙版"按钮，为"图层 5"图层添加图层蒙版，隐藏天空部分。

15 使用"画笔工具"涂抹图像

单击"图层5"图层蒙版缩览图,选择"画笔工具",并设置画笔"不透明度"为100%,使用黑色画笔涂抹图像,隐藏多余的树木图像。

16 设置"色彩平衡"统一色彩

观察添加的胡杨图像,其颜色与沙漠的颜色不是很统一。载入胡杨选区,新建"色彩平衡1"调整图层,打开"属性"面板。在面板中将"青色-红色"滑块向红色方向拖曳,增加红色,将"黄色-蓝色"滑块向蓝色方向拖曳,增加蓝色。

17 盖印图层

按下快捷键Shift+Ctrl+Alt+E,盖印图层,得到"图层6"图层。按下键盘中的向下方向键,向下移动图像。

18 创建选区并调整选区内图像高度

选择工具箱中的"矩形选框工具",在盖印图像的天空上方位置单击并拖曳鼠标,创建选区。按下快捷键Ctrl+T,打开自由变换编辑框,将鼠标移至边框线上方,单击并向上拖曳,拉高图像,填充画布。

19 使用"快速选择工具"选择沙漠

下面需要分别对天空和沙漠部分进行调整。由于天空部分的颜色相对单一,选择"快速选择工具",在天空位置单击并拖曳,快速选取天空部分。执行"选择>反选"菜单命令,或按下快捷键Shift+Ctrl+I,反选选区,选择天空下方的沙漠部分。

20 创建调整图层调整颜色

新建"色相/饱和度1"调整图层，为了让沙漠部分的颜色更干净，勾选"着色"复选框，去除颜色，再调整色相及饱和度，将图像转换为单色调，然后创建"色阶1"调整图层，拖曳滑块，加强对比效果。

21 设置"色彩平衡"调整天空色彩

载入沙漠选区，执行"选择>反选"菜单命令，反选选区，选择天空部分。新建"色彩平衡2"调整图层，打开"属性"面板，在面板中设置"中间调"下的参数值，向天空增加青色和黄色。

22 使用"磁性套索工具"选取图像

打开素材文件17.jpg，发现鞋子底部有较多的锯齿。为了将这些锯齿抠出，选择"磁性套索工具"，在工具选项栏中设置选项后，沿着图像中的鞋子边缘单击并拖曳鼠标，创建选区，选择图像。

23 复制并抠出鞋子

按下快捷键Ctrl+J，复制选区中的图像，得到"图层1"图层。隐藏"背景"图层，查看抠出的图像，将图像放大后，在部分边缘位置能看到多余的背景。选择"橡皮擦工具"，在多余的背景上单击，擦除图像，使抠出的鞋子图像边缘更干净。

24 将鞋子添加到背景中

选择"移动工具"，把处理好的鞋子复制到胡杨图像上，得到"图层7"图层。由于素材中的鞋子太亮且对比不够强烈，因此复制图层，得到"图层7拷贝"图层，更改图层混合模式为"柔光"，混合图像，增强画面层次感。

25 调整鞋底颜色

混合图像后，鞋底部分还是太亮了。创建"颜色填充1"调整图层，设置填充颜色为黑色、混合模式为"实色混合"，进一步加深图像。再单击图层蒙版缩览图，选择"画笔工具"，设置前景色为黑色，涂抹除鞋底外的其他区域，隐藏填充颜色，再新建"色阶2"调整图层调整鞋子图像的亮度，加强图像的明暗反差效果。

(技巧) 利用"图层样式"对话框更改混合模式

双击图层缩览图，打开"图层样式"对话框，在对话框的"混合选项"中也可以调整图层的混合模式和不透明度。

---

26 绘制投影形状

为了加强鞋子图像的立体感，还需要为它添加阴影。选择"钢笔工具"，根据鞋子外形和阴影的特点，绘制路径，按下快捷键Ctrl+Enter，将路径转换为选区。

27 填充颜色并模糊图像

按下快捷键 Alt+Delete，将选区填充为黑色。执行"滤镜 > 模糊 > 高斯模糊"菜单命令，打开"高斯模糊"对话框，输入合适的"半径"值，模糊图像，得到更柔和的阴影效果。

28 创建填充图层设置高光

为了让阴影更自然，使用"橡皮擦工具"擦除鞋子后方的阴影部分。新建"颜色填充 2"调整图层，将填充颜色设置为白色，结合"渐变工具"调整颜色范围，在画面中间添加高光。按下快捷键 Ctrl+J，复制图层，更改混合模式，增强高光。最后在中间位置输入文字，完成本实例的制作。

学习笔记